校企“双元”合作精品教材
高等院校“互联网+”系列精品教材

5G 核心网建设与维护

胡　峰　周学龙　黄　爱　姜敏敏　主　编
曾姝琦　陈世林　副主编

電子工業出版社
Publishing House of Electronics Industry
北京 · BEIJING

内 容 简 介

本书根据工程教育领域的成果导向教育（OBE）理念，结合企业合作项目构建内容，主要介绍5G核心网的基础知识和实践应用技能，包括5G核心网的网络架构与网络功能认知、5G核心网服务器的安装、云管理平台的安装、5G核心网的网络功能部署及5G业务实现等。本书内容全面，深入浅出，通俗易懂，读者通过学习可轻松掌握5G核心网的基本技术。

本书可作为高等职业本专科院校相应课程的教材，也可作为开放大学、成人教育、自学考试、中职学校、培训班的教材，以及工程技术人员的参考用书。

本书配有免费的电子教学课件、微课视频，详见前言。

图书在版编目（CIP）数据

5G核心网建设与维护 / 胡峰等主编. —北京：电子工业出版社，2023.12

高等院校“互联网+”系列精品教材

ISBN 978-7-121-47147-6

Ⅰ. ①5… Ⅱ. ①胡… Ⅲ. ①第五代移动通信系统－无线电通信－移动网－高等学校－教材
Ⅳ. ①TN929.538

中国国家版本馆CIP数据核字（2024）第027397号

责任编辑：陈健德（E-mail：chenjd@phei.com.cn）
印　　刷：天津画中画印刷有限公司
装　　订：天津画中画印刷有限公司
出版发行：电子工业出版社
　　　　　北京市海淀区万寿路173信箱　邮编　100036
开　　本：787×1 092　1/16　印张：9.75　字数：249.6千字
版　　次：2023年12月第1版
印　　次：2023年12月第1次印刷
定　　价：45.00元

凡所购买电子工业出版社图书有缺损问题，请向购买书店调换。若书店售缺，请与本社发行部联系，联系及邮购电话：（010）88254888，88258888。

质量投诉请发邮件至zlts@phei.com.cn，盗版侵权举报请发邮件至dbqq@phei.com.cn。

本书咨询联系方式：chenjd@phei.com.cn。

前 言

5G是第五代移动通信技术的简称。作为4G通信技术的延伸，5G具有高速率、低时延、广连接三大特性，可实现增强虚拟现实、视频直播、海量物联网设备接入、远程医疗、自动驾驶、智能制造、新型智慧城市等典型应用，实现万物互联，为用户提供“体验的革命”。通过5G的革新，未来可成功将纸张、线缆等有限制的传输渠道部分替换或全部改造为看不见、摸不着的无线信号。“人”与“人”、“人”与“物”和“物”与“物”之间原有的互联互通界限将被打破，所有的“人”和“物”都将存在于一个有机的数字生态系统中，数据或信息将通过最优化的方式进行传递。业界一致认为：4G改变生活，而5G改变社会。

随着近几年移动通信技术的快速发展，我国高度重视5G产业的发展，并在有关政策方面为5G产业的发展指明方向。2019年6月6日，中华人民共和国工业和信息化部（以下简称工信部）发放5G商用牌照，我国正式进入5G商用元年；10月31日工信部与三大运营商（中国电信、中国移动和中国联通）等举行了5G商用启动仪式，5G正式商用。三大运营商也同时在其官网营业厅发布了5G套餐的详情。

一套完整的移动通信系统由无线、传输、核心网等部分构成，当然在固网通信系统中也有核心网（Core Network）。核心网的主要功能就是交换与路由，对底层（无线）送上来的消息进行处理与分发，涉及的具体工作有呼叫的接续、计费，移动性管理，补充业务实现，智能业务触发等。核心网像一个管理者，使通信系统内部消息的处理井然有序，同时又对用户进行管理。本书从核心网架构、内部网络功能、业务流程等方面介绍核心网的知识及技能实践。

本书根据工程教育领域的成果导向教育（OBE）理念构建内容，采用项目化教学模式来提升学习效果，着重培养学生的职业能力。在编写中突出以下几点：

（1）根据课程标准设置知识结构，注重行业发展对课程内容的要求。

（2）根据国家相关职业标准，结合实际情况，立足岗位要求。

（3）结构合理，紧密结合职业教育特点。

（4）突出技能，强调技能性和实用性。

（5）大部分案例来源于行业的真实工作项目，体现校企合作的要求，符合实际工作岗位对人才的要求。

全书由胡峰统稿，姜敏敏编写项目1，胡峰编写项目2，陈世林编写项目3，周学龙编写项目4，黄爱编写项目5，由曾姝琦完成本书的资料收集并协助主编进行案例分析及部分统稿。

本书可作为高等职业本专科院校相应课程的教材，也可作为开放大学、成人教育、自学考试、中职学校、培训班的教材，以及工程技术人员的参考用书。

由于编者水平有限，书中的疏漏及不足之处在所难免，恳请读者和专家批评指正。

为了方便教师教学，本书还配有免费的电子教学课件、微课视频，请有此需要的教师通过扫一扫阅看或登录华信教育资源网（http://www.hxedu.com.cn）免费注册后进行下载。若有问题，请在网站留言或与电子工业出版社联系（E-mail:hxedu@phei.com.cn）。

编者

扫一扫看本课程练习题答案

扫一扫看本课程考试卷 A

扫一扫看本课程考试卷 A 答案

扫一扫看本课程考试卷 B

扫一扫看本课程考试卷 B 答案

目 录

项目 1

G 核心网的网络架构与网络功能认知

项目概述

5G 核心网的网络架构与网络功能（Network Function，NF）是学习 5G 移动核心网技术的基础。学习完本项目的内容后，要掌握 5G 核心网的网络架构和各网络功能，为今后从事 5G 核心网的相关工作做好知识储备。

学习目标

（1）掌握 5G 核心网的网络架构；

（2）会绘制 5G 核心网的网络架构图；

（3）掌握 5G 核心网网络功能的功能服务。

任务 1.1 认知 5G 核心网的网络架构

扫一扫看本任务教学课件

1.1.1 任务描述

通过本任务的学习，了解 5G 核心网的网络架构，并会绘制 5G 核心网的网络架构图。

1.1.2 任务目标

（1）能描述 5G 核心网技术的背景；

（2）能描述核心网架构的演进；

（3）能描述 5G 核心网网络架构。

扫一扫看 5G 核心网技术的发展微课视频

1.1.3 知识准备

1. 5G 核心网技术的发展背景

移动互联网涵盖了信息制作、传输、接收过程，信息交互已经成为 IT（Information Technology，信息技术）领域新的发展热点。当前中国移动终端数量爆炸式的发展趋势对于网络架构及信息传输都是一种严峻的考验，如何提高信息传输质量、信息容量并保障信息传输的安全与应用成为 5G 网络架构中亟待解决的问题。

随着网络用户数量的激增，网络资源传输与网络架构之间如何协调发展以保障资源的传输与利用，已成为网络技术发展的关键要素。网络架构关系着网络传输的质量，并在一定程度上制约当前网络技术的发展。对于移动通信，从 2G、3G、4G 到 5G 的跨越式发展，网络架构的匹配和梳理都起到关键的作用。在未来几年内，5G 网络发展将成为主流趋势。

随着网络技术的革命，从接入到输出都体现出技术的缜密程度。从网络架构的核心技术发展角度来讲，要优化网络架构、提高传输质量及安全性能，从而满足日益多元化的市场发展需求。而就目前的发展现状来讲，5G 核心网技术面临着日益升高的成本压力，包括硬件、技术升级及后续维护费用等，且多网并存，因此需要更低的时延、灵活的带宽配置、虚拟化的网络环境等，从而对核心网侧网络及网络架构提出更多要求。

2. 移动核心网网络架构的演进

从现有耦合网络架构及垂直网络体系建设现状来看，高质量、高性能的传输架构对于当前的性能匹配有着极高的存在价值。针对 5G 网络的发展趋势，亟待提高的是控制与承载的分离及灵活配置，这样不仅能够实现资源的灵活控制，而且能够根据技术的升级进行网络架构的梳理整合，进一步降低优化网络配置带来的经济损失。整个网络体系在实现内部功能切换的同时，也进一步迎合了外部网络资源的更新换代。改进后的控制与承载体系架构将不仅包括 SDN/NFV（Software Defined Network/Network Function Virtualization，软件定义网络/网络功能虚拟化）网络架构技术，还包括当前运用已经较为成熟的云计算技术。在垂直封闭的网络架构中，管控分离不仅实现了信号传输的自由切换，还降低了维护升级的成本，进一步满足了日益发展起来的多元化网络需求。

移动核心网网络架构经历了从 3GPP（3rd Generation Partnership Project，第三代合作伙伴计划）定义的 R99 版本到 R4 版本的 3G 网络，实现了电路（CS）域控制承载合一到承载与控制分离的演进、R5 版本 IMS（IP Multimedia Subsystem，IP 多媒体子系统）的引入实现了业务与控制分离；R8 版本的 LTE（Long Term Evolution，长期演进技术）/EPC 网络实现了分组（PS）域的承载与控制分离，下面对各版本进行详细描述。

1）R99

由于 GSM（Global System for Mobile Communications，全球移动通信系统）在空中接口速率上的限制，人们开始把目光转向第三代移动通信技术，也就是人们常说的 3G。引入 3G 系统的目的是，提高移动通信的频谱利用率，提供更高的数据业务传输速率，满足移动多媒体业务的要求。作为 3G 主导技术的 WCDMA（Wideband Code Division Multiple Access，宽带码分多路访问），不仅可以支持很高的用户数据速率，还可以提供很好的话音质量。3GPP 最初的 3G 版本是 R99，是在 2000 年 3 月完成的。从网络结构的角度来看，3GPP R99 最主要的工作是引入了 WCDMA 的无线接入网络——UTRAN（UMTS Terrestrial Radio Access Network，通用电信无线接入网），通过 Iu 接口与核心网相连。但是在核心网部分，3GPP R99 与 2G GSM/GPRS（General Packet Radio Service，通用分组无线业务）的网络架构完全相同，当然，这些节点在功能上是有区别的，并且需要支持与 3G UTRAN 的 Iu 接口。

由于 GSM/GPRS 的设备通过软件升级和必要的硬件改动就可以满足 3GPP R99 功能的要求，而且 R99 核心网中的传输技术不变，还是用原来的 TDM（Time Division Multiplexing，时分多路复用）网络，所以对于已经部署了 GMS/GPRS 网络的运营商来说，向 R99 网络演进是能充分利用现有资源的。但是，R99 也有缺陷，首先，R99 核心网发展滞后于接入网，接入网部分已经分组化的 AAL2（ATM Adaptation Layer，ATM 适配层）语音仍需经过编解码器转换为 64 kbit/s PCM（Pulse Code Modulation，脉冲编码调制）编码，影响了语音质量，也降低了核心网的传输资源利用率；其次，核心网部分仍采用 TDM 技术，不利于向全 IP 网络发展。因此，最终 R99 方案只是一种过渡方案，并没有运营商采用这种结构来部署网络。

R99 作为 2G 向 3G 平滑演进的过渡系统，采用电路域和分组域分别承载与处理的方式，分别接入公用电话交换网和公用数据网，简单地说就是通过电路域打电话，分组域负责上网。核心网设备（网元）包括：MSC（Mobile Switching Center，移动交换中心）/VLR（Visitor Location Register，漫游位置寄存器）、IWF、SGSN（Serving GPRS Support Node，GPRS 服务支持节点）、GGSN（Gate GPRS Support Node，GPRS 网关支持节点）、HLR（Home Location Register，归属位置寄存器）/AuC 等。网络架构图如图 1.1 所示，包括用户侧设备网络，即 UE（User Equipment，用户设备）、UTRAN 3G 无线网络、核心网。

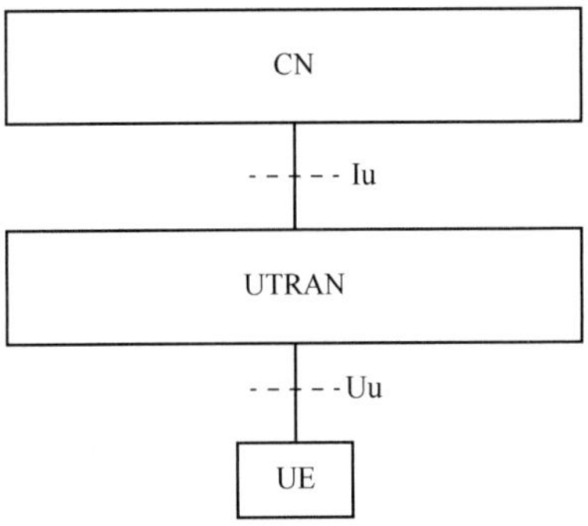

图 1.1　网络架构图

2）R4

3GPP R99 版本之后就是 R4 版本，这也是运营商真正开始商用的 3G 核心网版本，3GPP R4 版本的标准工作于 2001 年 3 月完成。3GPP R4 版本与 3GPP R99 版本相比，在 RAN（Radio Access Network，无线电接入网）侧的网络结构没有明显变化，重要的改变是在核心网部分的电路域引入了软交换概念，实现承载层和控制层的分离。控制层负责控制呼叫的建立、进程的管理和计费等相关功能，承载层用来传输用户的数据。这种承载和控制分离的结构，使网络可以采用新的 IP 传输技术，这样运营商可以统一采用 IP 承载网来承载电路域和分组域的业务，有效降低了承载网的运行维护成本。承载和控制分离使控制面的 MSC Server 只负责信令控制，能够大大提高设备的容量，软交换架构下的 MSC Server 通常会集中设置，数量少，这样既能降低维护成本，又方便升级，新业务开展快。另外，在 R4 核心网中，通过 MSC Server 之间的编解码协商，可以在核心网部分采用与 RAN 侧相同的压缩编码方式传输用户数据，这样既能提高语音质量、节省传输带宽，又能节省 MGW（Media Gateway，媒体网关）上昂贵的编解码转换设备的数量，降低建设成本。

鉴于 R4 软交换系统的上述优势，各运营商都选择了这种网络结构进行 3G 系统的建设，国内运营商在部署新的网络时直接采用 R4 架构，对旧有网络（包括骨干网和端局）开始了向 R4 架构的升级改造工作。

R4 阶段另一个重要的特征是接纳 TD-SCDMA（Time Division-Synchronous Code Division Multiple Access，时分同步码分多路访问）技术为 3GPP TDD 模式的空口标准。我国自主研发的 TD-SCDMA 技术成为国际上 3G 网络三大主流技术之一。TD-SCDMA 与 WCDMA 虽然在无线接口技术上不同，但其采用了与 WCDMA 相同的核心网接口与架构，所以可以同时接入相同的核心网。

这个架构最大的特点是采用了控制和承载分离的结构，电路域增加了 MGW 网元，网络连接逐渐 IP 化，网元之间可以采用 IP 承载的方式通信，使整个网络扁平化和层次化。简单地说，就是网元功能独立，职责分明，互不干涉。例如，过去 MSC 既要负责处理控制面的消息，又要承担媒体面的处理。现在 MSC 把媒体这部分功能分出去且独立出一个叫作 MGW 的网元，处理效率大为提高，不过分组域倒是没有变化。R4 核心网的架构图如图 1.2 所示。

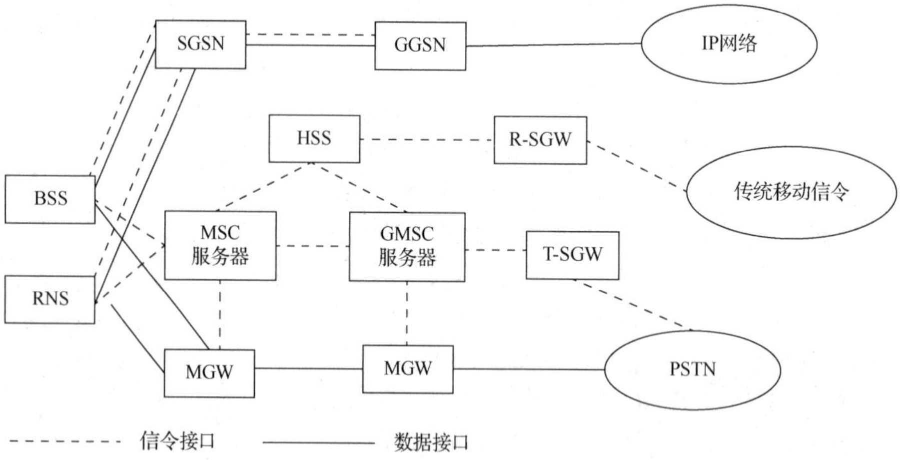

图 1.2　R4 核心网的架构图

3）R5

3GPP R5 版本是全 IP 网络的第一个版本，网络结构从接入网到核心网，全部采用 IP 技术。3GPP R5 版本是在 2002 年 6 月完成的，除了接入网 IP 化，该版本的主要工作就是在核心网部分引入了 IMS 域，电路域和分组域的架构则保持不变。IMS 是基于会话起始协议控制的网络体系架构，目的是满足用户对移动多媒体业务的需求，从而丰富移动网的业务种类，加快业务提供过程。IMS 具有分布式、与接入无关、有标准开放的业务接口等特点，被业界公认为未来融合的控制平台，成为下一代网络的核心技术。IMS 在 3GPP、3GPP2、ETSI（European Telecommunications Standards Institute，欧洲电信标准组织）等标准组织中都占有一席之地，世界各大设备提供商纷纷推出IMS的商用或试验产品，部分运营商也开始进行IMS业务的试商用或试验。

R5 阶段提出的 IMS 概念仅限于对其基本功能的描述，包括基本架构、3G 接入能力、功能实体、信令流程的规定，并对鉴权、计费、安全、QoS（Quality of Service，服务质量）等进行了基本定义，但是 R5 阶段的 IMS 尚不足以商用。另外，在 R5 阶段，在无线侧增加了 HSDPA（High Speed Downlink Packet Access，高速下行链路分组接入）技术。

在 3G 三大标准的角逐中，WCDMA 商用在运营商的支持数量上取得了领先，但在其网络所支持的数据传输速率上却长期停留在理论上的 384 kbit/s 水平，因此分组域的网络建设也一直处于缓慢发展的状态，而对高速移动分组数据业务的支持能力是 3G 系统重要的特点之一，与此形成鲜明对照的是，CDMA 2000 EVDO 网络能够实现 2.4 Mbit/s 的峰值速率，其宽带接入服务能为客户提供 300～500kbit/s 平均下载速率，这足以与有线宽带的速率媲美。面对现有的 3G 业务，WCDMA 已经稍显力不从心，在数据传输速率上的巨大落差，以及由此带来的业务能力上的弱势，自然使 WCDMA 阵营不甘落后，必须寻找一种赶超 CDMA 2000 EVDO 的有力技术。HSDPA 技术就是实现提高 WCDMA 网络高速下行数据传输速率的重要的技术，其理论用户下行数据传输速率可达 14.4 Mbit/s。

总的来说，电路域和分组域都没有变化，R5 版本的主要工作就是在核心网部分引入 IMS 域，目的是满足用户移动多媒体业务的需求，这种结构实际要做的是把多种核心网（移动、固网、非 3GPP 架构的）组合起来，由 IMS 统一接入管理。IMS 核心网的架构图如图 1.3 所示。

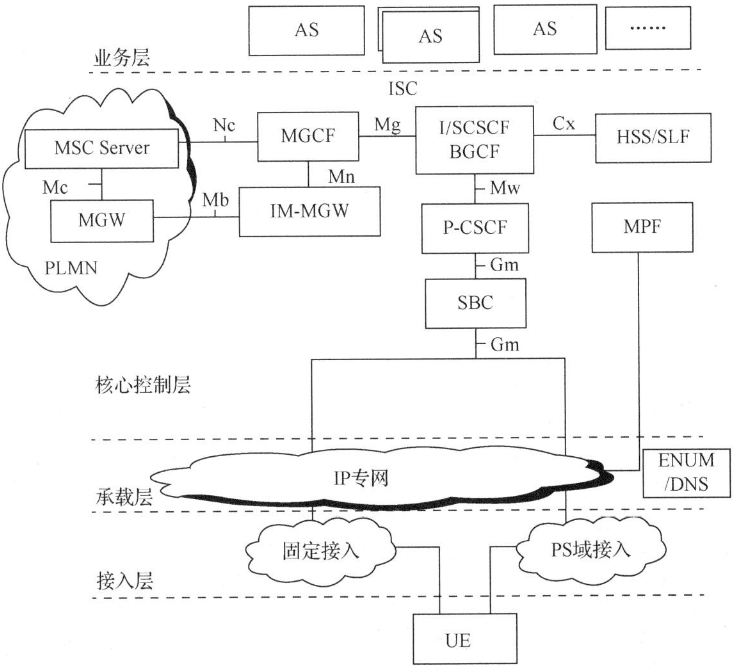

图 1.3　IMS 核心网的架构图

4）R8

R8 阶段是 LTE 进程的重大阶段。电路域没有变化，分组域大变样，主要工作目标就是分组域的架构演进 SAE（System Architecture Evolution）。这里需要说明的是，LTE 是 4G 无线演进的叫法，SAE 是 4G 核心网架构演进的正统叫法，演变后的分组域核心网被称为 EPC，如图 1.4 所示。

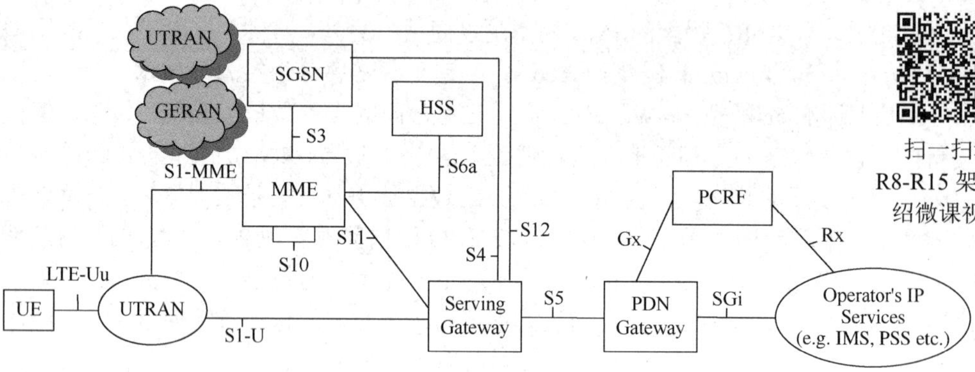

扫一扫看 R8-R15 架构介绍微课视频

图 1.4　EPC 架构图

国际电信联盟将 IMT-2020 作为 5G 唯一的官方候选名称，从而确定了全球 5G 发展的目标。3GPP 在 2018 年 3 月底大会上确定的 5G 标准（R15）最新时间表说明：5G NR NSA 版本的标准已经于 2017 年 12 月冻结；5G NR SA 版本的标准于 2018 年 6 月冻结。

R15 版本不仅定义了 5G NR（新无线）以满足 5G 新场景的需求，还定义了新的 5G 核心网，以及扩展增强了 LTE/LTE-Advanced 功能，可谓承上启下。在 R15 版本中定义了 5G 社会三大场景：eMBB（Enhanced Mobile Broadband，增强型移动宽带）、uRLLC（Ultra-Reliable and Low Latency Communication，低延迟高可靠通信）、mMTC（Massive Machine Type Communication，大连接物联网）。核心网的变化自然要跟上形势，满足人们日益增长的精神文化需求。5G 核心网基于服务化、软件化架构，并通过网络切片、控制/用户面分离等技术，使网络定制化、开放化和服务化，以面向万物互联和各行各业。5G 核心网基于服务的接口和 API（Application Programming Interface，应用程序接口），使运营商面向各行业敏捷创建“网络切片”，使未来运营商的角色从“管道”转变为“平台提供商”。

5G 核心网不仅支持连接 5G 基站，还支持连接 4G 基站，不过连接 5G 核心网的 4G 基站不再叫作 eNB，而是叫作 ng-eNB，它与 5G 基站共同使用新的 NG 接口。此外，5G 核心网还将提供语音回落技术，当终端进行 VoLTE（Voice over Long Term Evolution，长期演进语音承载）语音呼叫时，终端将连接到 4G 基站。5G 网络架构图如图 1.5 所示。

回顾移动核心网的演进历程，发现其总体趋势是全网 IP 化，以国际电信联盟规定的 IMT-2020 为旗帜，在 3GPP 组织领导下规范标准，一切向互联网网络技术看齐，实现三大场景工作任务，实际上就是坚持信息技术与通信技术的融合——ICT（Information and Communication Technology，信息与通信技术），如图 1.6 所示。

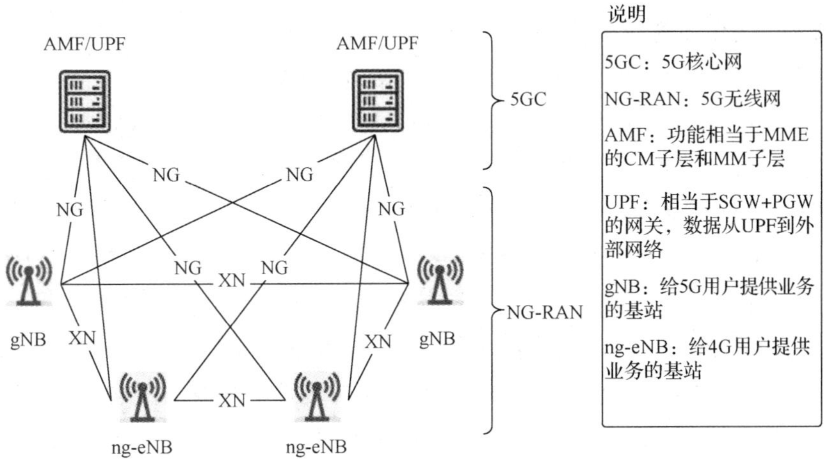

图 1.5　5G 网络架构图

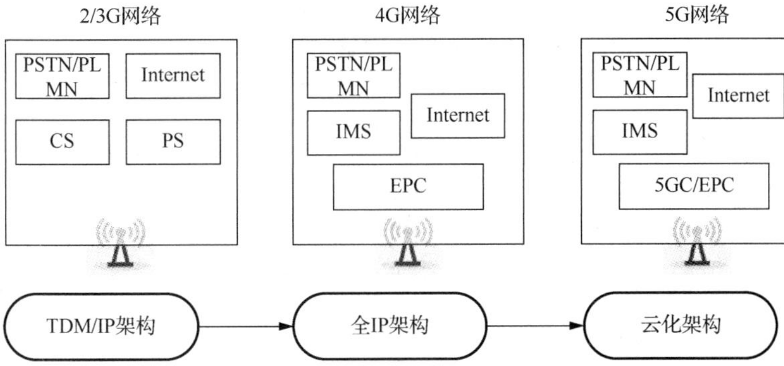

图 1.6　核心网的演进历程

3．5G 核心网的网络架构

5G 系统的产生，主要是为了应对未来爆炸性的移动数据流量增长、海量的设备连接、不断涌现的各类新业务和应用场景。5G 将渗透到未来社会的各领域，为不同用户和场景提供灵活多变的业务体验，最终实现“信息随心至，万物触手及”的总体愿景，开启一个万物互联的时代。

扫一扫看 5G 核心网网络架构微课视频

EPC 与 5G 核心网的对比如图 1.7 所示。

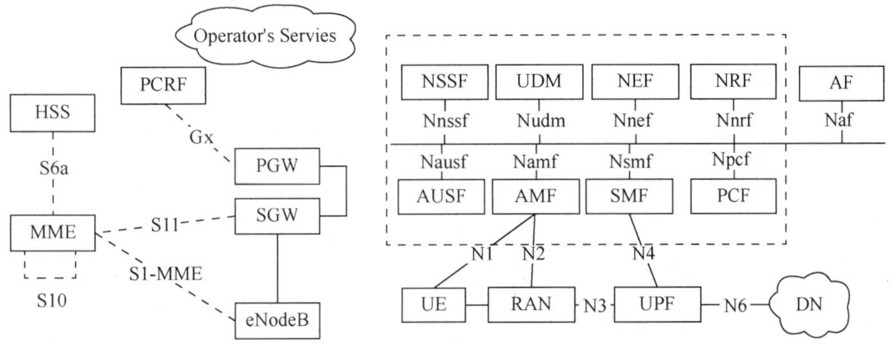

（a）EPC　　（b）5G核心网

图 1.7　EPC 与 5G 核心网的对比

1）物理网元实体化转换为虚拟化

移动通信网络是一个“标准先行”的网络。在所有的网络流程、协议信元都经过深入讨论形成标准之后，各设备厂商设计产品、实现功能。移动通信协议是固定的，产品所处理的内容不会超过协议定义的范围。当协议进行小改动时，设备上通过升级软件适配；当协议进行大的演进时，设备可能需要设备厂商重新设计硬件，同时开发软件解决。所以，通信设备的硬件和软件都是高度“定制化”的，运营商们自然不愿意，这样容易被一家设备厂商绑定，如果厂家不能提供及时优质的售后服务，未来的运维难度较大。在 ICT 浪潮下，通信行业选择 IT 化的架构。面对千差万别的业务，不同的 IT 应用在底层均采用相同的硬件，在这基础上开发不同的软件来提供不同的业务。IT 使用通用的硬件、开放的标准，是因为 IT 的应用规模巨大、应用场景极多，无法用定制化的硬件来解决问题。IT 采用通用 CPU（Central Processing Unit，中央处理器）架构，在软件上进行定制，以实现不同的业务。这样，可以快速采购和安装 IT 业务的硬件。IT 行业通过通用硬件的扩容实现规模的快速扩展，通过软件的开发和升级实现功能的快速扩充。这种通用的硬件被称为 COTS（Commodity-off-the-Shelf，商用部件法）。运营商希望 CT 也能像 IT 一样，实现硬件（网络能力）和软件（网络功能）的分离，通过采购通用硬件实现能力的提升、容量的提高；通过升级软件实现功能的增加、新业务的上线，从而降低成本，提高响应速度。

基于此，EPC 时代引入了基于 NFV 的组网架构。这个方式的提出是在 2012 年 10 月，13 家运营商在 ETSI 组织下正式成立网络功能虚拟化工作组，即 ETSI ISG NFV，致力于实现网络虚拟化的需求定义和系统架构制定。同通用服务器的虚拟化一样，NFV 实现了网络功能的虚拟化。NFV 的架构将网络功能（路由转发、移动性管理、会话管理）从硬件中解耦。网络功能由软件实现，安装在被 Hypervisor 抽象标准化之后的虚拟硬件上。所以，网络功能虚拟化的是 CT 行业参考 IT 行业的方式实现网络设备功能的虚拟化，实现分层解耦。

在 NFV 的道路上，虚拟化是基础，云化是关键。云计算的本质是一种服务提供模型，通过这种模型可以随时、随地、按需地通过网络访问共享资源池的资源，这个资源池的内容包括计算资源、网络资源、存储资源，这些资源能够被动态地分配和调整，在不同用户之间灵活地划分。云计算的技术包括：高性能计算、分布式存储、虚拟化、平台管理等。正是基于这些特点，在 5G 大规模商用组网中使用云计算架构是顺理成章的事情。

2）点对点架构转换为 SBA

为了适配未来不同服务的需求，5G 网络架构被寄予了非常高的期望。业界专家们也意识到了这个问题，并结合 IT 的 Cloud Native（原生云）的理念，将 5G 网络架构进行了两个方面的变革：一是将控制面功能抽象成多个独立的网络服务，希望以软件化、模块化、服务化的方式构建网络；二是控制面和用户面的分离，让用户面功能摆脱“中心化”的束缚，使其既可以灵活部署于核心网，也可以部署于更靠近用户的接入网。这种架构即 SBA（Service Based Architecture，基于服务架构）。

3）单体式架构转换为微服务模式

把过去的网元功能转换为网络功能服务，每个网络功能包含了许多“微服务”，如图1.8所示。

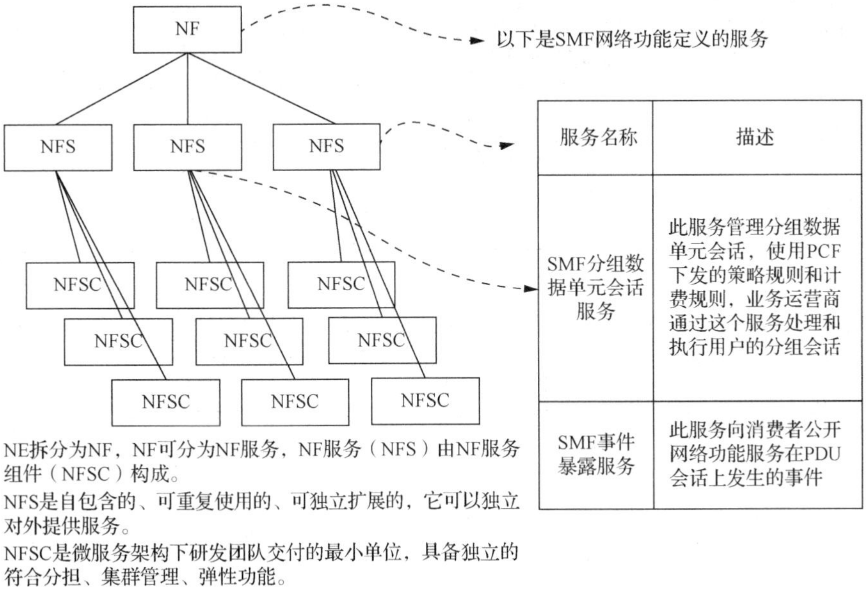

图1.8　服务化与微服务

4）单一网络转换为网络切片服务模式

网络切片是基于统一的基础设施、统一的网络资源提供“端到端”逻辑或物理的“专用网络”。这使4G由“一网多用”转换到5G的“多网专用”。4G是面向“人网”设计的，网络在扩展到“物网”时，面向差异化的网络能力和指标，使用一张网来服务的效率降低。5G时代，网络切片可以把一张网络虚拟成多个不同的网络以实现“多网专用”。网络切片是5G区别于4G的标志性技术，通过逻辑“专网”服务垂直行业，是未来运营商拓展行业客户、催生新型业务、提高网络价值的有力抓手。

通常运营商们提供的数据业务有多种，但是网络资源有限，不可能保证所有业务都能全速进行。于是，需要对不同的数据业务进行优先级排序。最简单的方式就是，对业务进行分类，给予不同优先级的业务不同的资源、不同的服务质量，这就是QoS的来源。更精细化的QoS如表1.1所示。通俗来说就是按需分配，服务个性化。以前所有的网元都被打散，重构为一个个实现基本功能集合的微服务，再由这些微服务像搭积木一样按需拼装成网络切片。基于网络切片，运营商可以把业务从传统的语音和数据拓展到万物互联，也将形成新的商业模式，从传统的通信提供商蜕变为平台提供商，通过网络切片的运营，为垂直行业提供实验、部署和管理的平台，甚至提供端到端的服务。

表 1.1　更精细化的 QoS

5G 网络服务质量标识（5QI value）	资源类型（Resource Type）	默认优先级（Default Priority Level）	分组时延预算（Packet Delay Budget）	分组误码率（Packet Error Rate）	默认最大数据量（Default Maximum Data Burst Volume (NOTE 2)）	默认平均间隔（Default Averaging Window）	业务示例（Example Services）
1	GBR	20	100 ms	10^{-2}	N/A	2000 ms	会话语音
2		40	150 ms	10^{-3}	N/A	2000 ms	对话语音（直播）
3	GBR	30	50 ms	10^{-3}	N/A	2000 ms	实时游戏、自动驾驶业务
4		50	300 ms	10^{-6}	N/A	2000 ms	非会话语音
65		7	75 ms	10^{-2}	N/A	2000 ms	专网电话业务
66		20	100 ms	10^{-2}	N/A	2000 ms	非专网电话业务
67		15	100 ms	10^{-3}	N/A	2000 ms	专用视频业务
75		25	50 ms	10^{-2}	N/A	2000 ms	车与外界的信息交换
5	Non-GBR	10	100 ms	10^{-6}	N/A	N/A	IP 多媒体子系统信号
6		60	300 ms	10^{-6}	N/A	N/A	基于 TCP 视频业务、电子邮件等
7		70	100 ms	10^{-3}	N/A	N/A	语音、视频（直播）、交互式游戏
8		80	300 ms	10^{-6}	N/A	N/A	基于 TCP 的视频业务、电子邮件等
9		90					
69		5	60 ms	10^{-6}	N/A	N/A	专网电话信号业务
70		55	200 ms	10^{-6}	N/A	N/A	专网数据业务
79		65	50 ms	10^{-2}	N/A	N/A	自动驾驶
80		68	10 ms	10^{-6}	N/A	N/A	低延时高带宽业务
81	Delay Critical GBR	11	5ms	10^{-5}	160 B	2000 ms	远程控制业务
82		12	10 ms NOTE 5	10^{-5}	320 B	2000 ms	智能传输系统业务
83		13	20 ms	10^{-5}	640 B	2000 ms	智能传输系统业务
84		19	10 ms	10^{-4}	255 B	2000 ms	控制自动化
85		22	10 ms	10^{-4}	1358 B NOTE 3	2000 ms	

5）5G核心网的系统架构分离

5G核心网的系统架构中将4G EPC媒体网关设备的控制面和用户面分离，即S/PGW的控制面S/PGW-C演进成SMF（Session Management Function，会话管理功能），负责会话管理、IP地址分配及UPF（User Plane Function，用户面功能）的选择和控制功能；S/PGW的用户面S/PGW-U演进成UPF，负责数据包的路由和转发、数据包检测、策略执行等用户面功能。

此外，我们还应掌握5G的组网模式。5G组网包含了SA（独立组网）和NSA（非独立组网）两种组网模式，如图1.9所示。简单来说，SA，就是终端只通过一种无线接入技术连接到移动通信网络；NSA，就是终端通过多种无线接入技术（如LTE和NR）连接到移动通信网络。若终端通过LTE和NR连接到移动通信网络，则称“双连接”。从核心网侧的角度，针对独立组网和非独立组网，5G核心网也将提供EPC扩展方案和5G核心网方案两种解决方案。

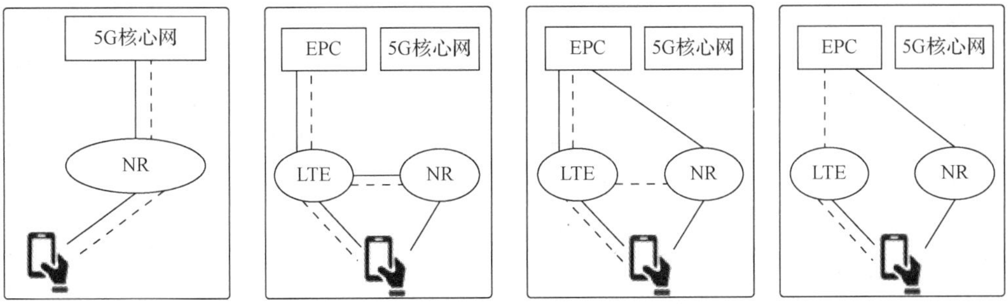

图1.9　两种组网模式

（1）SA模式。

① Option2：直接部署独立5G方案。网络由5G核心网与无线NR设备组成。

② Option5：在厂家还未获得5G牌照、无5G频段的情况下，核心网新建5G网络，可以保留4G基站并做升级以和5G核心网进行对接。这样可以让用户提前享受5G核心网提供的5G特性。一般海外运营商采用此种方式。

（2）NSA模式。

① Option3：非独立部署。信令锚点在LTE侧，核心网仍然是EPC。NAS接口（终端到主控网络）也基于4G网络。5G基站NR挂在LTE下，UE通过LTE网络接入注册到EPC，再通过LTE的辅助连接接入5G，这样可同时接入两个网络。这是典型的双连接方式，在LTE双连接构架中，UE在连接态下可同时使用至少两个不同基站的无线资源，分为主站和从站。

其应用场景为，运营商已拿到5G牌照和频谱资源，5G网络快速上线，无须等5G核心网的改造。NR的覆盖范围相对较小，因此前期做热点覆盖。此种方案在现网基础上的改动较小，初期投入少。而有的运营商不愿意花钱改造4G基站（毕竟都是旧设备，迟早要淘汰），于是想了其他的方法。

a. Option3a：第一种办法，5G 基站的用户面直接连接 EPC，控制面继续锚定于 4G 基站，通过 LTE 转接。

b. Option3x：第二种方法，就是把用户面数据分为两部分，将 4G 基站造成流量瓶颈的那部分迁移到 5G 基站；剩下的部分，继续走 4G 基站。

Option3a 和 Option3x，NAS 接口仍然是基于 4G 网络的，EPC 能识别 5G 信号接入，建立专有承载并设置相应的 QoS，支持更快的速率。

Option3/3a/3x 组网方式是目前国外运营商最喜欢的方式，其原因包括：①可以利用旧 4G 基站，省钱；②部署起来很快、很方便，有利于迅速推入市场，抢占用户。

② Option4&7：媒体可以分为流增强型 eLTE 或 NR，信令锚定在一个点上，可以是 NR，也可以是 eLTE。eLTE 即在 LTE 基础上做升级，支持与 5G 核心网之间的 N2、N3 接口。在 Option4 组网中，4G 基站和 5G 基站共用 5G 核心网，5G 基站为主站，4G 基站为从站。唯一不同的是，Option4 的用户面从 5G 基站中走，Option4a 的用户面直接连 5G 核心网。

习题 1

1. 5G 时代，为了满足部分运营商快速采用 5G 中高频补热的部署需求，引入一种新的组网架构，即（　　）。

A．联合组网　　B．非联合组网

C．独立组网　　D．非独立组网

2.（　　）部署模式的核心网用 EPC，无线用 NR。

A．Option2　　B．Option3

C．Option4　　D．Option5

3. 请简述以下知识概念。

（1）5G 核心网的技术背景。

（2）核心网架构的演进过程。

（3）5G 核心网的架构图，并进行绘制。

（4）独立组网和非独立组网两种模式的具体网络架构及优缺点。

要求：分组讨论；使用 PPT 制作演示材料；能够清楚地描述相应的概念。

任务 1.2　网络功能服务

1.2.1　任务描述

扫一扫看本任务教学课件

通过本任务的学习，了解 5G 核心网的网络服务功能；掌握 5G 核心网服务化架构下的各网络功能的作用。

1.2.2　任务目标

（1）能描述 5G 核心网的网络服务；

（2）能描述 5G 核心网服务化架构下的各网络功能服务。

扫一扫看 5GC 网络服务微课视频

1.2.3　知识准备

1．5G 核心网的网络服务

5G 核心网采用了 SBA 的串行总线接口协议，统一采用了 HTTP（Hypertext Transfer Protocol，超文本传输协议）/2 交互，如图 1.10 所示。

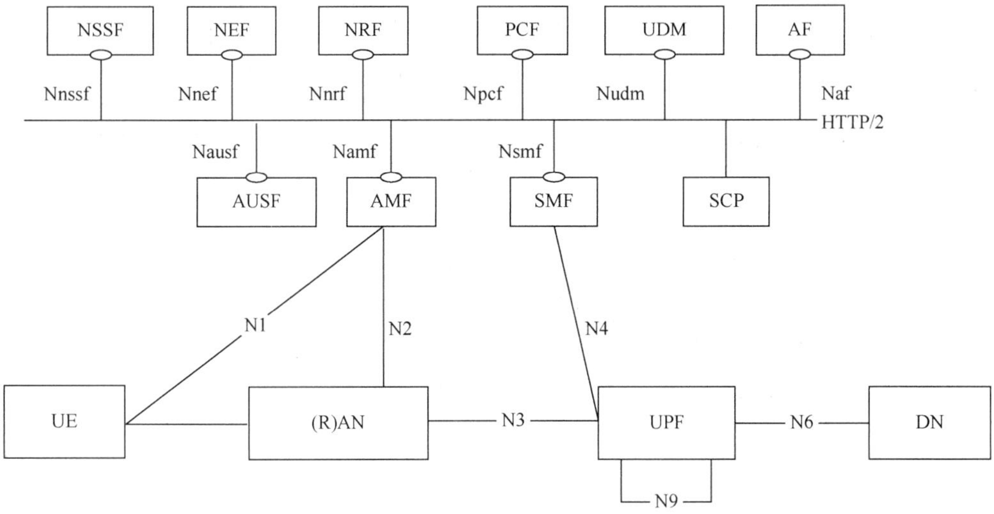

图 1.10　5G 核心网的架构图

5G 核心网之前的核心网，处在网络不同位置的不同网元（Net Element，NE）分别承担了不同的工作。有些网元承担移动性管理、鉴权管理工作，参与极少的数据转发工作；有些网元处在用户面的通路上，参与大量的数据转发工作；有些网元需要对数据包进行深度识别，做大量的计算工作；有些网元需要存储数据，进行频繁的硬盘读写工作。在 5G 核心网中使用网络功能替代网元的各功能，但是再怎么改变，5G 核心网也是分组核心网，需要保证终端在移动的情况下，获得高带宽、高质量的体验。分组核心网的四大主要网络服务如下。

（1）管理移动性和会话。在网元之间传递用户的承载上下文信息，为用户创建、修改和删除承载。

（2）对用户进行鉴权和签约管理。传输和保存用户的鉴权和签约信息，进行简单的计算和比较来确认用户的合法性及权限，保证网络被授权用户在授权范围内使用。

（3）业务感知和控制。识别业务，匹配策略，对数据包进行通过、丢弃、流控处理，较少修改数据包 L4 以下的内容，几乎不修改 L4 以上的内容。

（4）用户面数据的转发。识别数据包地址，直接匹配路由转发。对隧道封装的数据包进行解封装和封装。

5G 核心网在 EPC 的基础上将部分核心网元的功能按照服务能力演变成各独立的网络功能，如图 1.11 所示。

5G 核心网系统架构中网络功能由网元功能拆分和新增功能两部分组成。

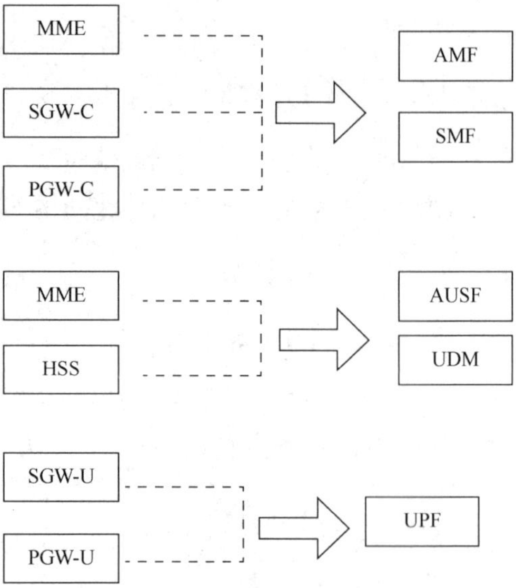

图 1.11　部分核心网元的功能演变成独立的网络功能

1）网元功能拆分部分

（1）AMF：Access and Mobility Management Function（接入和移动性管理功能）。

（2）SMF：Session Management Function（会话管理功能）。

（3）AUSF：Authentication Server Function（认证服务器功能）。

（4）UDM：Unified Data Management（统一数据管理）。

（5）UPF：User Plane Function（用户面功能）。

（6）PCF：Policy Control Function（策略控制功能）。这里还包含把数据库功能拆分成 UDR 和 UDSF 功能。

① UDR：Unified Data Repository（统一数据存储库）。

② UDSF：Unstructured Data Storage Function（非结构化数据存储功能）。

（7）NEF：Network Exposure Function（网路开放功能）。

2）新增网络功能部分

（1）NRF：Network Repository Function（网络存储库功能）。

（2）NSSF：Network Slice Selection Function（网络切片选择功能）。

扫一扫看 5GC 网元功能拆分微课视频

2．网络功能服务

1）AMF

AMF 执行注册、连接、可达性、移动性管理。为 UE 和 SMF 提供会话管理消息传输通道，为用户接入时提供认证、鉴权功能，作为终端和无线接入核心网的控制面接入点。其主要功能如下。

（1）终止 RAN CP 接口（N2）。

（2）终止 NAS（N1），NAS 加密和完整性保护。

（3）注册管理。

（4）连接管理。

（5）可达性管理。

（6）流动管理。

（7）合法拦截（适用于 AMF 事件和 LI 系统的接口）。

（8）传输 UE 和 SMF 之间的 SM 消息。

（9）路由 SM 消息的透明代理。

（10）访问身份验证。

（11）访问授权。

（12）传输 UE 和 SMSF 之间的 SMS 消息。

（13）提供 TS 33.501 [29]中规定的安全锚功能。

（14）监管服务的定位服务管理。

（15）传输 UE 和 LMF 之间及 RAN 和 LMF 之间的位置服务消息。

（16）与 EPS 互通时，分配 EPS 承载 ID。

（17）UE 移动性事件通知。

2）SMF

SMF 负责隧道维护、IP 地址分配和管理、UP 功能选择、策略实施和 QoS 中的控制、计费数据采集等。其主要功能如下。

（1）会话管理，如会话建立、修改和释放，包括 UPF 和 AN 节点之间的隧道维护。

（2）终端的 IP 地址分配。

（3）DHCPv4（服务器和客户端）和 DHCPv6（服务器和客户端）功能。

（4）选择和控制 UP 功能，包括控制 UPF 代理 ARP（Address Resolution Protocol，地址解析协议）或 IPv6 邻接发现，或将所有 ARP/IPv6 邻接请求流量转发到 SMF，用于以太网 PDU（Protocol Data Unit，协议数据单元）会话。

（5）配置 UPF 的流量导向，将流量路由到正确的目的地。

（6）终止对策略控制功能的接口。

（7）合法拦截（用于 SM 事件和 LI 系统的接口）。

（8）收费数据收集和支持计费接口。

（9）控制和协调 UPF 的收费数据收集。

（10）终止 NAS 消息的 SM 部分。

（11）下行链路数据通知。

（12）AN 特定 SM 信息的发起者，通过 AMF 的 N2 接口发送到 AN。

（13）确定会话的 SSC 模式。

（14）漫游功能。

（15）处理本地实施以应用 QoS SLA（VPLMN）。

（16）计费数据收集和计费接口（VPLMN）。

（17）合法拦截（在 SM 事件的 VPLMN 和 LI 系统的接口）。

（18）支持与外部 DN 的交互，以便通过外部 DN 传输 PDU 会话授权/认证的信令。

3）AUSF

AUSF 完成对用户的合法性判断，主要功能：支持 TS 33.501 [29]中规定的 3GPP 接入和不受信任的非 3GPP 接入的认证。

4）UDM

UDM 用于 3GPP AKA（Authentication and Key Agreement，认证与密钥协商协议）认证、用户识别、访问授权、注册、订阅、短信管理等。其主要功能如下。

（1）生成 3GPP AKA 身份验证凭据。

（2）用户识别处理（如 5G 系统中每个用户的 SUPI 的存储和管理）。

（3）支持隐私保护的 SUCI（Subscription Concealed Identifier，订阅标识符）的隐藏。

（4）基于订阅数据的访问授权（如漫游限制）。

（5）UE 服务网络功能的注册管理（如 UE 的接入和移动性管理存储服务 AMF，UE 的 PDU 会话管理存储服务 SMF）。

（6）支持服务/会话连续性。

（7）支持 MT-SMS。

（8）合法拦截功能（特别是在出境漫游的情况下，UDM 是 LI 的唯一联系点）。

（9）订阅管理。

（10）短信管理。

5）UPF

UPF 用于分组路由转发、策略实施、流量报告、QoS 处理。其主要功能如下。

（1）RAT 移动性的锚点（适用时）。

（2）与数据网络互联的外部 PDU 会话点。

（3）分组路由。

（4）分组检查（如基于服务数据流模板的应用检测和从 SMF 接收的可选数据包流的描述）。

（5）用户平面部分的策略规则实施（如门控、重定向、数据转发）。

（6）合法拦截（用户平面收集）。

（7）流量使用报告。

（8）用户平面的 QoS 处理（如 UL/DL 速率实施、DL 中的反射 QoS 标记）。

（9）上行链路的流量验证（SDF 到 QoS 流量的映射）。

（10）上行链路和下行链路中的传输级别分组标记。

（11）下行链路分组缓冲和下行链路数据通知触发。

（12）将一个或多个“结束标记”发送和转发到源 NG-RAN 节点。

（13）IETF RFC 1027 [53]中规定的 ARP 代理和/或以太网 PDU 的 IETF RFC 4861 [54]功能中规定的 IPv6 Neighbor Solicitation Proxying。UPF 通过提供与请求中发送的 IP 地址相对应的 MAC 地址来响应 ARP 或 IPv6 邻接请求。

6）PCF

PCF 用于支持统一的政策框架，提供控制平面功能的策略规则。其主要功能如下。

（1）支持统一的策略框架来管理网络行为。

（2）为控制平面功能提供策略规则以强制执行该规则。

（3）访问 UDR 中与策略决策相关的订阅信息。

7）NEF

NEF 可以开放各网络功能，转换内外部的信息。其主要功能如下。

（1）能力和事件的对外开放。

（2）可以安全地暴露网络功能的能力和事件，如应用功能、边缘计算。

（3）使用标准化接口（Nudr）将信息作为结构化数据存储/检索到 UDR 中。

（4）提供从外部应用程序到 3GPP 网络的安全信息。

（5）为应用功能提供了一种安全地向 3GPP 网络提供信息的方法，如预期的 UE 行为。在这种情况下，NEF 可以验证和授权并协助限制应用功能。

（6）在与 AF 交换的信息和与内部网络功能交换的信息之间进行转换。例如，它在 AF-Service-Identifier 和内部 5G 核心网信息［如 DNN、S-NSSAI（Single Network Slice Selection Assistance Information，单网络切片选择辅助信息）］之间进行转换。

（7）根据网络策略处理对外部 AF 的网络和用户敏感信息的屏蔽。

（8）从其他网络功能接收信息（基于其他网络功能的公开功能）。

（9）使用标准化接口将接收到的信息作为结构化数据存储到 UDR 中。所存储的信息可以由 NEF 访问并“重新暴露”到其他网络功能和应用功能中。

8）NRF

NRF 是一个提供注册和发现功能的新功能，可以使网络功能相互发现并通过 API 进行通信。其主要功能如下。

（1）支持服务发现功能。从网络功能实例接收网络功能发现请求，并将发现的网络功能实例（被发现）的信息提供给网络功能实例。

（2）维护可用网络功能实例及其支持服务的网络功能配置文件。

在 NRF 中，维护的网络功能实例的网络功能概况包括：网络功能实例 ID、网络功能类型、PLMN ID、网络切片相关标识符（如 S-NSSAI、NSI ID）、网络功能的 FQDN 或 IP 地址、网络功能的容量信息、网络功能特定服务授权信息，以及在适用情况下支持的服务名称、服务实例的端点地址、识别存储的数据/信息。

9）NSSF

NSSF 根据 UE 的切片选择辅助信息、签约信息等确定 UE 允许接入的网络切片实例。其主要功能如下。

（1）选择为 UE 服务的网络切片实例集。

（2）确定允许的 NSSAI（Network Slice Selection Assistance Information，网络切片选择辅助信息），并在必要时确定到订阅的 S-NSSAI 的映射数据。

（3）确定已配置的 NSSAI，并在需要时确定到已订阅的 S-NSSAI 的映射。

（4）确定要用于服务 UE 的 AMF 集，或者基于配置，可通过查询 NRF 确定候选 AMF 的列表。

另外，在 5G 核心网中首次引入 NWDAF（Network Data Analytics Function，网络数据分析功能），开启了网络智能化之路，也可以说是 5G 通信开始迈向大数据之路。作为网络数据收集和智能分析的实体，NWDAF 能够从 5G 的网络功能层、应用层和网管层中获取数据，并利用智能化的算法进行计算、模型训练、推理判断、预测等工作。这些分析的结果能够输出给所有被授权使用的数据消费者，实现网络智能化应用。

基于 NWDAF 的智能化网络新架构实现了数据源、数据分析、数据应用三方面的演进。

（1）数据源演进：从数据分散、相互之间无关联、无统一收集接口，到采用标准服务化接口收集数据，所有 5G 系统内的网元，包括终端、接入网、核心网、网管层甚至业务层都可作为数据源。

（2）数据分析演进：从单领域简单的数据分析，到跨领域基于 5G 应用场景的用户体验的分析，基于新的能力，运营商可按需自定义分析任务。

（3）数据应用演进：从封闭的可视系统到智能闭环系统，开放标准服务化 API，使 NWDAF 可满足订阅特定分析结果。

引入 NWDAF 后，可对用户的签约数据、网络数据、业务数据进行全面采集、智能分析和灵活输出，联通了网络领域的多个业务关系。这将有利于实现 5G 网络自优、自治、自愈的智能闭环优化能力，对 5G 网络发展、业务拓展与保障、多样化需求的满足及运营运维都至关重要。

习题 2

1．在 5G 核心网的网络功能中，负责会话管理和地址分配的网络功能是（　　）。

A．AMF　　B．SMF　　C．UDM　　D．UPF

2．生成 5G AKA 身份验证凭据的网络功能是（　　）。

A．AMF　　B．SMF　　C．NSSF　　D．UDM

3．5G 核心网中首次引入（　　），开启了网络智能化之路，也可以说是 5G 通信开始迈向大数据之路。

A．AMF　　B．NRF　　C．NWDAF　　D．NSSF

4．请简述以下知识概念。

（1）5G 核心网的网络服务。

（2）5G 核心网架构中的各网络功能服务。

要求：分组讨论；使用 PPT 制作演示材料；能够清楚地描述相应的概念。

项目2

5G核心网服务器的安装

扫一扫看5G核心网
服务器安装教学课件

项目概述

5G 核心网是云化架构的系统，最底层是虚拟化基础设施层，包含通用硬件资源、虚拟化层、虚拟资源。通用硬件主要指的是计算硬件资源、存储硬件资源、网络资源，采用 NFV 技术实现软硬件解耦，共享通用的硬件资源。本项目主要介绍底层服务器的系统软件安装。

学习目标

（1）了解 5G 核心网的硬件架构及设备组成；

（2）掌握满足 5G 核心网通用服务器的硬件条件；

（3）了解 5G 核心网服务器的软件需求；

（4）完成 5G 核心网服务器的系统软件安装。

任务 2.1 认知 5G 核心网的硬件架构

2.1.1 任务描述

本任务主要介绍 5G 核心网的硬件架构，包括计算服务器、存储设备、网络设备等部分。通过本任务内容的学习，我们可以绘制 5G 核心网的硬件架构图。

注意：本任务的硬件内容为示例，各厂家的具体设备有微小的区别，在实际场景中以各厂家产品说明书为准。

2.1.2 任务目标

（1）熟悉 5G 核心网的硬件组成；
（2）了解服务器的功能及设备类型；
（3）了解存储设备的功能及类型；
（4）了解网络设备的功能及类型；
（5）掌握 5G 核心网的网络连接；
（6）能绘制 5G 核心网的硬件架构图。

2.1.3 知识准备

1. 通用服务器的特性与分类

通用服务器指没有为某种特殊服务专门设计的、可以提供各种服务功能的服务器，它是一种高性能计算机，作为网络的节点，其可存储、处理网络上 80%的数据、信息，因此也被称为网络的灵魂。

1）通用服务器的五大特性

（1）可靠性（Reliability）：保持可靠而一致的特性。数据完整性和在发生故障之前对硬件故障做出警告是可靠性的两个方面，如硬件冗余、预警、RAID（Redundant Arrays of Independent Disks，独立磁盘冗余阵列）技术。

（2）高可用性（Availability）：随时存在并可以立即使用的特性。通用服务器能从系统故障中迅速恢复，支持关键组件热插拔（新组件替换故障组件的能力）。

（3）可扩展性（Scalability）：在服务器上具备一定的可扩展空间和冗余件［如磁盘阵列架位、PCI（Peripheral Component Interconnection，外部设备互连）和内存条插槽位等］。通用服务器具有增加内存的能力，增加处理器的能力，增加磁盘容量的能力，支持多种主流操作系统的限制。

（4）易用性（Usability）：是否容易操作（如用户导航系统是否完善，机箱设计是否人性化、是否有关键恢复功能），是否有操作系统备份，以及是否有足够的培训支持等。

（5）可管理性（Manageability）：在服务器上提供独立的 RJ45 千兆管理网口，支持集中管理应用软件，以命令行界面或 Web 方式进行系统管理。

2）主流通用服务器的分类

（1）机架式服务器。

① 机架（Rack）采用电信机房的设备结构标准，宽度为19in（1in=2.54cm），高度以Unit（U）计量，每U为1.75in，即4.445cm。

② 通常有1U、2U、4U和8U之分，其中以2U和1U为主，其次是4U和8U，近期市场上也有3U和6U等高度的机架产品出现。

当前市场上主流的机架式服务器包括ZTE R5300系列，如图2.1所示。

图2.1　ZTE R5300机架式服务器

（2）刀片（Blade）服务器：刀片服务器是一种更高密度的服务器平台，一般包括刀片服务器、刀片机框（含背板）及后插板三大部分。不同厂商有不同高度的机框。各厂商的机框皆为19in宽，可安装在42U的标准机柜上。通常在一个机箱中可以插入数量不等（8～20块）的“刀片”，其中每块“刀片”实际上就是一块服务器主板。

当前市场上主流的刀片服务器包括ZTE E9000、HP BL460c Gen8等，ZTE E9000刀片服务器如图2.2所示。

图2.2　ZTE E9000刀片服务器

2．常见的存储方式

存储设备是用于存储信息的设备，通常将信息数字化后再利用电、磁或光学等方式加以存储。常见的存储方式有服务器内置存储、DAS（Direct Attached Storage，直接附接存储）、NAS（Network Attached Storage，网络附接存储）、SAN（Storage Area Network，存储区域网）存储。

这里服务器内置存储很好理解，这一类的存储由服务器自带的硬盘实现。下面分别介绍其他3类存储方式。

1）DAS

DAS这种存储方式与普通的PC（Personal Computer，个人计算机）存储架构一样，外部存储设备都是直接挂接在服务器内部总线上的，数据存储设备是整个服务器结构的一部分。

由于这种存储技术是把设备直接挂在服务器上的，随着需求的不断增大，越来越多的设备添加到网络环境中，导致服务器和独立存储数量较多，资源利用率较低下，数据共享受到严重的限制，因此其适用于一些小型网络应用中。

2）NAS

NAS 方式则全面改进了以前低效的 DAS 方式。它采用独立于服务器、单独为网络数据存储而开发的一种文件服务器来连接存储设备，自形成一个网络。

NAS 设备通过标准的网络拓扑结构（如以太网）连接，可以无须服务器，直接与企业网络连接，不依赖于通用的操作系统，所以存储容量可以很好地扩展，对于原来的网络服务器的性能没有任何影响，可以确保网络性能不受影响。NAS 是文件级的存储方式，它的重点在于帮助工作组和部门级机构解决迅速增加存储容量的需求。如今用户较多采用 NAS 的文档共享、图片共享、电影共享等功能。

3）SAN 存储

SAN 存储通过某种交换机（如光纤交换机）连接存储阵列和服务器主机，最后成为一个专用的存储网络。SAN 存储提供了一种与现有 LAN（Local Area Network，局域网）连接的简易方法，并且通过同一物理通道支持广泛使用的 SCSI（Small Computer System Interface，小型计算机系统接口）和 IP（Internet Protocol，因特网协议）。随着存储容量的爆炸性增长，SAN 存储允许企业独立地增加它们的存储容量。SAN 存储的结构允许任何服务器连接到任何存储阵列，这样不管数据放置在哪里，服务器都可以直接存取所需的数据。同时因为采用了光纤接口，SAN 存储还具有更高的带宽。

SAN 存储方式通常会采取以下两种形式：光纤信道及 iSCSI 或基于 IP 的 SAN 存储，也就是 FC-SAN 和 IP-SAN。光纤信道是 SAN 存储方式中最被大家熟悉的类型，但是，由于万兆网的普及，基于 iSCSI 的 SAN 存储方式开始大规模应用，与光纤信道技术相比，这种技术具有良好的性能，而且价格低廉。

SAN 存储真正地综合了 DAS 和 NAS 两种存储方式的优势。例如，在一个很好的 SAN 存储方式中，可以得到一个完全冗余的存储网络，这个存储网络具有不同寻常的扩展性，确切地说，可以得到只有 NAS 方式才能得到的几百 TB 的存储空间，但是还可以得到块级数据访问功能，而这些功能只能在 DAS 方式中才能得到。对于数据访问来说，可以得到一个合理的速度，对于那些要求大量磁盘访问的操作来说，SAN 存储具有更好的性能。利用 SAN 存储方式，还可以实现存储的集中管理，从而能够充分利用处于空闲状态的空间。更有优势的一点是，在某些实现中，甚至可以将服务器配置为没有内部存储空间的服务器，要求所有的系统都直接从 SAN 存储中（只能在光纤信道模式下实现）引导。这也是一种即插即用技术。

3. 常见的网络设备

计算机的普及导致了若干台计算机之间的相互连接，从而产生了 LAN。由于网络的普遍应用，为了在更大范围内实现相互通信和资源共享，网络之间的互联便成为一种信息快速传输的最好方式。网络互联必须解决如下问题：在物理上把两种网络连接起来，一种网络与另一种网络实现互访与通信，解决它们之间协议方面的差别、处理速率与带宽的差别。解决这些问题的常见部件就是中继器（Repeater）、网桥（Bridge）、路由器（Router）、交换机（Switch）和网关（Gateway）等网络设备。

1）中继器

中继器是工作在物理层上的连接设备，OSI（Open System Interconnection，开放系统互连）参考模型的物理层设备，适用于完全相同的两类网络的互联，主要功能是通过对数据信号的重新发送或转发，扩大网络传输的距离。中继器是对信号进行再生和还原的网络设备。即使数据在链路层出现错误，中继器也能转发数据，不改变传输速度，但其不能在传输速度不一致的媒介之间转发。有些中继器提供多个端口服务，这种中继器被称为中继集线器或集线器。

2）网桥

网桥是工作在OSI参考模型的第二层——数据链路层上连接两个网络的设备，根据数据帧内容转发数据给其他相邻的网络。网桥基本只用于连接相同类型的网络，有时也连接传输速率不一致的网络。网桥是一种对帧进行转发的技术，根据MAC分区块，可隔离碰撞。网桥具备“自学习”机制，对站点所处网段的了解是靠“自学习”实现的，其有透明网桥、转换网桥、封装网桥、源路由选择网桥。以太网中常用的交换集线器也是网桥的一种。

3）路由器

路由器是工作在OSI参考模型的第三层——网络层上连接网络与网络的设备，可以将分组报文发送到另一个目标路由器地址，基本上可以连接任意两个数据链路，具有分担网络负荷、保护网络安全的功能。

4）交换机

交换机是集线器和网桥的升级换代产品，因为交换机具有集线器的集中连接功能，同时它具有网桥的数据交换功能。所以可以这样说，交换机是带有交换功能的集线器，或者说交换机是多端口的网桥。在外形上，集线器与交换机产品没有太大的区别。这类交换机工作于OSI参考模型的第二层——数据链路层上。4～7层交换机可用于带宽控制、特殊应用访问加速、防火墙等。

5）网关

网关在网络层以上实现网络互联，是最复杂的网络互联设备，仅用于两个高层协议不同的网络互联。网关既可以用于广域网互联，也可以用于LAN互联。网关是一种充当转换重任的计算机系统或设备。网关用于通信协议、数据格式或语言不同，甚至体系结构完全不同的两种系统之间，是一个翻译器，负责协议转换和数据转发。在同一种协议之间转发数据叫作运用网关。

4．5G核心网的网络连接

5G核心网的网络连接实际上就是将网络的各物理组件（如计算机节点、存储节点、管理服务器、调试设备等）通过网络连接设备（路由交换机）根据一定的安全隔离要求连接起来，如图2.3所示。

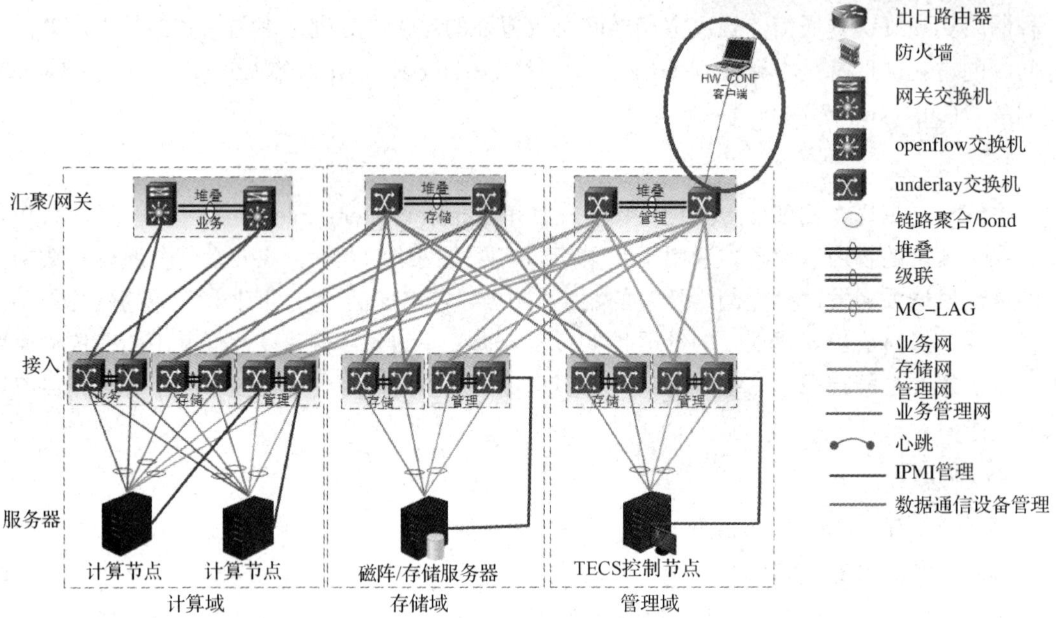

图 2.3　5G 核心网的网络连接

如图 2.3 所示，为了支持 HW_CONF（Hardware Configuration，硬件配置）安装工具配置，需要现网的管理汇聚交换机预留至少一个端口连接至 HW_CONF 客户端 PC 上。PC 直连在管理汇聚交换机上，在实际情况中中间可能还有其他二层交换设备。

2.1.4　任务实施

（1）参观 5G 核心网通信设备实验室，重点关注 5G 核心网的硬件组成和线缆连接，了解 5G 核心网硬件架构。

（2）绘制 5G 核心网的硬件架构图。根据掌握的 5G 核心网的硬件架构知识内容，以及 5G 核心网通信设备实验室的参观体验，绘制 5G 核心网的硬件架构图，包括 5G 核心网的硬件组成和线缆连接。

习题 3

1. 通用服务器的五大特性是（　　）。
   A．可靠性　B．高可用性　C．可扩展性
   D．可管理性　E．易用性
2. 常见的存储方式有（　　）。
   A．SAN 存储　B．DAS
   C．NAS　D．服务器内置存储
3. 网桥具备（　　）功能。
   A．帧转发技术　B．“自学习”机制
   C．可隔离　D．工作在 OSI 参考模型的第三层上
4. 简述通用服务器的类型及主要产品。

任务 2.2　5G 核心网的硬件网络连通调试

扫一扫看本任务教学课件

2.2.1　任务描述

5G 核心网设备到货并完成开箱验货后，即可开始硬件的安装环节。5G 核心网的硬件网络连通调试工作在硬件设备上架后进行，本任务主要介绍 5G 核心网设备间的网络连通调试，包括调试机的准备、路由交换机的网关地址规划及配置、服务器 BMC（Baseboard Management Controller，基板管理控制器）接口与调试机之间的连接及连通性检测。在本任务中，以 ZTE 的云管理平台 TECS OpenStack 为例，通过本任务内容的学习，可具备 5G 核心网硬件网络连通调试的能力。

2.2.2　任务目标

（1）掌握 5G 核心网调试机的设置方法；
（2）掌握路由交换机网关数据规划的方法；
（3）掌握路由交换机 VLAN 配置的方法；
（4）了解服务器 BMC 接口与调试机连通性检测的方法。

2.2.3　知识准备

1．通信设备调试机

通信设备在开通过程中都需要使用一台 PC，安装时指定要求的操作系统和相关的软件，用来对需要调试的设备进行操作或服务，这台 PC 通常被称为调试机。在 5G 核心网安装和调试的过程中，对调试机的软件配置做了要求，如表 2.1 所示。

表 2.1　调试机的软件配置要求

软件类型	软件名称	备注
操作系统	Windows 操作系统	建议安装 Windows 7 或更高的版本
浏览器	只支持 Google Chrome	操作员需要通过 Google Chrome 登录 TECS OpenStack 的图形化操作界面
浏览器插件	JRE	在访问浏览器时需要使用 JRE，客户端上需要安装 JRE1.8 或更高的版本

5G 核心网调试机通过外部路由交换机接入基础设施（包含通用服务器、存储设备等），调试人员在调试机上需要进行如下操作。

（1）登录硬件服务器的管理系统，对物理资源进行管理和维护操作。

（2）将其作为 Daisy 和 Provider 图形化操作界面的客户端。

（3）执行云平台系统的安装。

（4）执行 NFVO（NFV Orchestrator，网络功能虚拟化编排器）、VNFM（VNF Manager，虚拟网络功能管理器）、VNF（Virtual Network Function，虚拟网络功能）的实例化。

2．路由交换机

目前 5G 核心网中部署的交换机都具有超大系统容量、超高端口密度、超强业务特性等诸多特点，可满足城域网、数据中心网络、园区网和企业网对网络核心设备的要求。

这里以 ZTE 8900E 系列的 ZXR10 8902E 交换机为例，外观图如图 2.4 所示，结构图如图 2.5 所示。交换机采用机架式设计，实现三平面（即转发平面、控制平面和监控平面）分离的系统架构，由控制平面、转发平面和监控平面协同工作，一起完成系统功能。

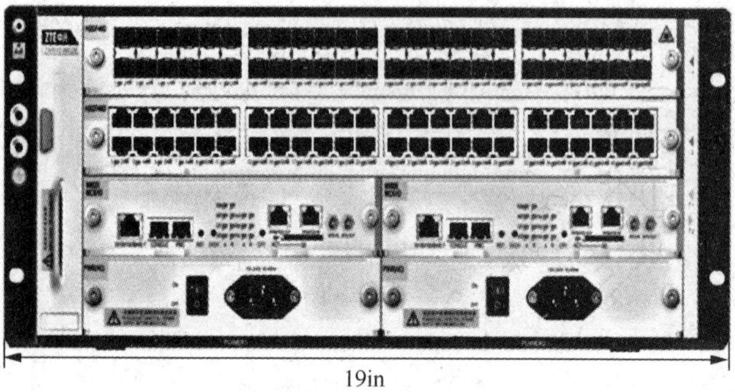

图 2.4　ZXR10 8902E 交换机的外观图

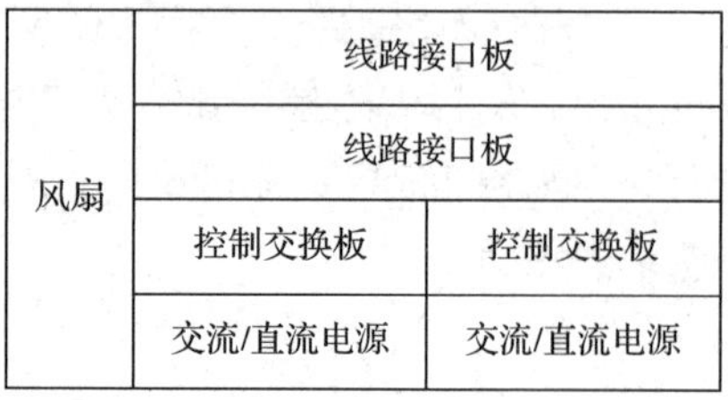

图 2.5　ZXR10 8902E 交换机的结构图

（1）交换模块和控制模块集成在一块主控板（控制交换板）上，主要包括 CPU 子卡、交换芯片、时钟系统和监控子卡，实现对整个系统的管理控制和对各线卡数据包的交换功能，从功能模块上主控板可分为交换模块、控制模块、时钟模块、监控模块、带外通信模块、电源模块和逻辑模块几部分。在实际使用中，ZXR10 8902E 在主控板上完成控制功能。

① 控制模块：由主处理器与一些外部功能芯片组成，对外提供各种操作接口，如串口、以太网口等，从而实现系统对各种应用的处理。

② 交换模块：采用了专用的 CROSSBAR 芯片，集成了多个高速双向接口，可处理多个线卡的线速交换，负责整个系统的数据交换，负责在各线卡单元之间提供高速、无阻塞的交换通道。

（2）线路接口板：也称线路接口卡，所有光接口均采用了可插拔光模块，因此可在同一块线卡上满足多种不同的传输介质和传输距离的要求，而且部分线卡还混合提供了不同类型的端口，减少了需要额外增加的线卡数量。线卡中的用户电接口全部具有电缆诊断功能，可随时检测所接电缆的连接情况，可对电缆的短路、开路做出诊断，并且指出发生故障的相应位置，精度在 1m 以内。目前，在 5G 核心网配置的 8902E 路由交换机上一般配置了以下两类接口板：S2XF48A（48 端口万兆光接口板）和 H2GT48D（48 端口千兆电接口板），如表 2.2 所示。

表 2.2　S2XF48A 和 H2GT48D

分类	名称	接口	特性
S2XF48A	48 端口万兆光接口板	48 个万兆光口，支持 10G SFP+	支持 L2/L3、IPv4/IPv6 特性，支持 MPLS，支持以太网 OAM（Operation Administration and Maintenance，操作维护管理）等功能，支持智能监控
H2GT48D	48 端口千兆电接口板	48 个千兆电口，支持百兆、千兆自适应	支持 MPLS，支持大表项，支持以太网 OAM 功能，支持时钟（SyncE、1588v2），智能监控

8902E 支持千兆以太网电/光口、万兆以太网光口和 40G 以太网光口，具体描述如下。

① 千兆以太网电口支持全双工/半双工、10/100/1000M 及 MDI/MDIX 自适应功能，默认工作在自协商模式，与对端设备协商工作方式和速率。

② 千兆以太网光口在千兆全双工模式下工作，不能配置端口的双工模式，但可以配置为自协商和 100Mbit/s 速率。

③ 万兆以太网光口在万兆全双工模式下工作，不能配置端口的双工模式，但可以配置为自协商和 1000Mbit/s 速率。

④ 40G 以太网光口在 40G 全双工模式下工作，端口的自协商、双工模式和速率都不可配置。

系统采用自动添加端口的方式，用户在相应槽位插入接口板，当接口板正常启动后，就可以看到该接口板的端口已经自动添加到系统端口列表中。ZXR10 8900E 按下列方式对端口进行命名：<接口类型>- <机框号>/<槽位号>/<子卡号>/<端口号>.<子接口号>。

① 接口类型：包括 gei 千兆以太网端口、xgei 万兆以太网端口和 xlgei40G 以太网端口。

② 机框号：所在机框号由集群时的编号决定，取值范围为 0～63。

③ 槽位号：由线路接口模块安装的物理插槽决定，取值范围为 0～22。

④ 子卡号：由线卡上安装的子卡决定，取值范围为 0～1。其中，0 表示上子卡，1 表示下子卡，一整块接口卡用 0 表示。

⑤ 端口号：分配给线路接口模块连接器的号码。取值范围和端口号的分配因线路接口模块型号的不同而不同。

端口命名示例：xgei-0/2/0/2，表示 0 号机架 2 号槽位单板 0 号万兆以太网子卡上的 2 号端口。

⑥ 子接口号：如果需在一个端口下实现不同的地址，则可配置子接口方式来实现。

（3）交流/直流电源：采用全新电源设计，可支持主控系统对电源的遥信/遥控功能。主控系统可以通过 RS485 通信接口对电源进行监控，实现对电源的温度、过/欠电压、掉电告警、限流等状态的智能监控功能。

（4）智能风扇框：使用智能风扇框，提供对每个风扇的调速、停转报警、风速报警，以及风扇板温度检测等功能，并可以根据每个单板槽位的温度状态分别调整各槽位的风扇转速，达到节能的目的。

3. 服务器的结构、参数及 BMC

本项目以服务器安装为学习目标，因此掌握目前通信主流的服务器知识至关重要，本任务以 ZTER5300 G4 服务器为例进行介绍。

ZXCLOUD R5300 G4 机架式服务器是 ZTE 全新一代 2U 双路机架式服务器，支持英特尔最新的 Intel® Xeon® Processor Scalable Family 系列处理器。R5300 G4 具有卓越的计算性能、高可靠性、易管理等特色，同时具有灵活、强大的扩展能力，被广泛应用于互联网、云计算、大数据、企业关键应用、电信等中；提供 3 年 7d×24h 不间断磁盘读写的稳定续航能力，能轻松承载海量数据读写请求。该服务器完全具备通用服务器的五大特性。

R5300 G4 机框前视图（以前面板配置 8 块硬盘为例）如图 2.6 所示，机框前面板提供 8 个 2.5in SAS/SATA 硬盘位。

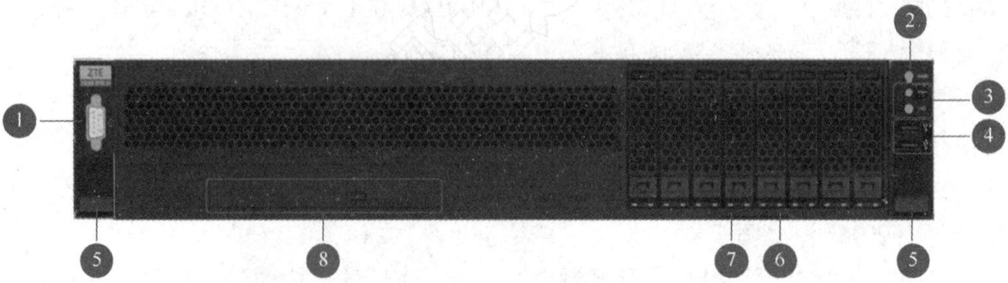

1—VGA 接口；2—电源开关按键和上电状态指示灯；3—健康状态指示灯和 UID 指示灯（从上到下）；
4—USB 2.0 接口（2 个）；5—机框安装螺钉遮蔽盖（2 个）；6—硬盘定位或在位指示灯；
7—硬盘工作状态指示灯；8—DVD 光驱

图 2.6　R5300 G4 机框前视图

R5300 G4 机框后视图中的 I/O（Input/Output，输入/输出）模组根据需要可配置为 PCI-E 3.0 标准卡和硬盘扩展槽位。机框后视图如图 2.7 所示（根据实际扩展为主，这里只是实例）。

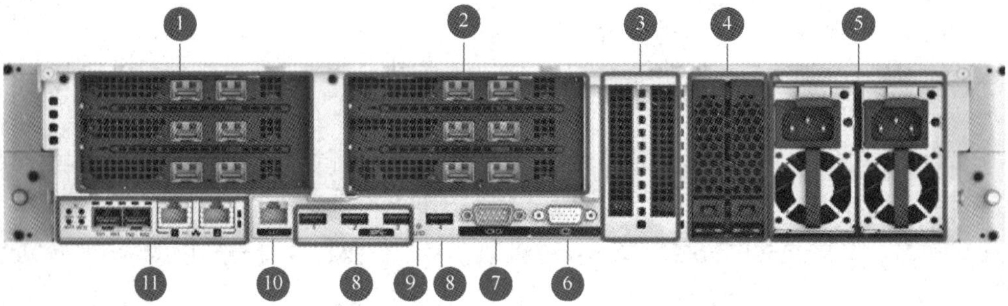

1—I/O 模组 1（可选）；2—I/O 模组 2（可选）；3—标准 PCI-E 插槽（2 个）；4—系统盘（2 块）；5—电源模块（2 个）；
6—VGA 接口；7—RS232 串口；8—USB 2.0 接口（4 个）；9—UID 指示灯；10—iSAC 管理网口；11—板载网卡网口（可选）

图 2.7　机框后视图（带 PCI-E 3.0 标准卡扩展槽位）

ZXCLOUD R5300 G4 详细参数说明如表 2.3 所示。

表 2.3　ZXCLOUD R5300 G4 详细参数说明

名称	说明
主板	系统核心组件之一，主板上安装或集成 CPU、内存、扩展槽等组件
CPU	采用双路 Xeon E5-26××系列处理器，最大单处理器可达 18 核，双路 CPU 间采用双快速互联通道架构，数据传输速率最高可达 9.6 GT/s
RAID 控制器	根据配置的 RAID 控制器卡类可支持的 RAID 标准包括 RAID 0、RAID 1、RAID 5、RAID 6、RAID 10、RAID 50 和 RAID 60
内存条	支持 24 个 DDR4 RDIMMs/LRDIMM 内存插槽，最大支持 1.5TB 内存容量（按照 64GB 内存条计算）
前置硬盘	支持 8 盘、12 盘和 24 盘 3 种配置
风扇	为机箱内部组件散热，风扇模块共 6 个，支持“*N*+*N*”冗余，支持动态智能风扇调速和散热系统
电源模块	采用铂金电源为机框供电，且支持“1+1”热插拔冗余，电源支持交流电源模块和直流电源模块

ZTE R5300 机架式服务器的网卡信息如表 2.4 所示。

表 2.4　ZTE R5300 机架式服务器的网卡信息

节点类型	网卡	功能	部署节点	接口/网桥名称
第一对网卡	绑定网卡 1 和 2	管理平面使用	控制节点虚拟机	eth0
			宿主机	br-DYMANA
			计算节点	bond0
第二对网卡	绑定网卡 3 和 4	存储和心跳平面合一部署使用	控制节点虚拟机	eth1
			宿主机	br-DYHEAR
			计算节点	bond1
第三对网卡	绑定网卡 5 和 6	业务平面使用	宿主机	bond2
			计算节点	bond2

R5300 G4 机架式服务器的软件组成如表 2.5 所示。

表 2.5　R5300 G4 机架式服务器的软件组成

名称	说明
BMC 管理软件	BMC 管理软件是设备管理核心模块，用于控制系统管理软件和平台管理硬件之间的接口，提供自主监视、事件记录和恢复控制功能
服务器软件	服务器软件包括通用操作系统、各种板卡的驱动程序和业务应用软件

BMC 集成在 R5300 G4 机架式服务器的 SPLMA 主板上，是 IPMI（Intelligent Platform Management Interface，智能平台管理接口）规范的核心，负责各路传感器的信号采集、处理、储存，以及各种器件运行状态的监控。

管理员可以通过浏览器登录 BMC 的 Web 门户。在该门户中，管理员可以配置和管理服务器，查看服务器和用户信息，并实现 KVM 远程控制。

BMC 管理口默认的 IP 地址为 192.168.5.7。BMC Web 门户的地址为 https://192.168.5.7(默认的用户名称为 zteroot，密码为 superuser9)。管理员查看 BMC 的 IP 地址的方法有以下两种。

方法 1：通过串口线缆将 R5300 G4 机架式服务器的 DB9 串口（波特率为 115200）与调试 PC 连接；在调试 PC 上使用串口工具 SecurtCRT 连接服务器（默认的串口登录用户名为 sysadmin，密码为 superuser，具体查看发货清单说明）；使用 ifconfig 命令查询 eth0 和 eth1 对应的 IP 地址，eth1 为对应 BMC 的 iSAC 地址。

方法 2：

（1）在服务器关机的状态下，连接键盘和显示器；按下服务器前面板上的电源开关按键；当显示器显示“ZTElogo”时，按 F2/Delete 键，进入 BIOS（Basic Input/Output System，基本输入输出系统）配置界面。

（2）选择“iSAC”→“BMCnetworkconfiguration”选项，进入 BMCnetworkconfiguration 界面，查看 iSAC 口 IP 地址配置的当前值。

在现网工程中，如果多台服务器具有相同的网管地址或规划，则要对通用服务器的网管地址重新配置，需要配置相关的 IP 地址、子网掩码和默认网关等信息。具体操作如下：在左侧菜单栏中选择“设置”选项，进入设置界面；选择“网络设置”→“网络 IP 设置”选项，进入网络 IP 地址设置界面；在“LAN 界面”下拉列表中选择需要配置的网络接口。

网络接口的参数配置如表 2.6 所示。

表 2.6　网络接口的参数配置

参数名称	参数含义	配置说明
启用 LAN	是否启用该网络接口	—
LAN 界面	选择需要配置的网络接口	选择配置管理网口 eth1，选择配置共享网口 eth0
MAC 地址	显示对应的网络接口的 MAC 地址	—
启用 IPv4	是否启用 IPv4	选中该复选框后，方可配置 IPv4 相关的参数 自动获取 IP 地址：选中“IPv4 DHCP”复选框 手动配置 IP 地址：取消选中“IPv4 DHCP”复选框，并手动配置 IPv4 地址、IPv4 子网掩码和 IPv4 默认网关
启用 IPv6	是否启用 IPv6	选中该复选框后，方可配置 IPv6 相关的参数。具体配置类似 IPv4
启用 VLAN	是否启用 VLAN	选中该复选框后，方可配置 VLAN 相关参数
自动协商	是否允许网络接口采取自动协商的方式配置相应的连接速度和双工模式	自动配置：选中“自动协商”复选框 手动配置：取消选中“自动协商”复选框，并配置连接速度和双工模式

4．5G 核心网的基础设施层架构

5G 核心网的基础设施层一般由控制节点、计算节点、网络节点、存储节点组成，具体架构如图 2.8 所示。

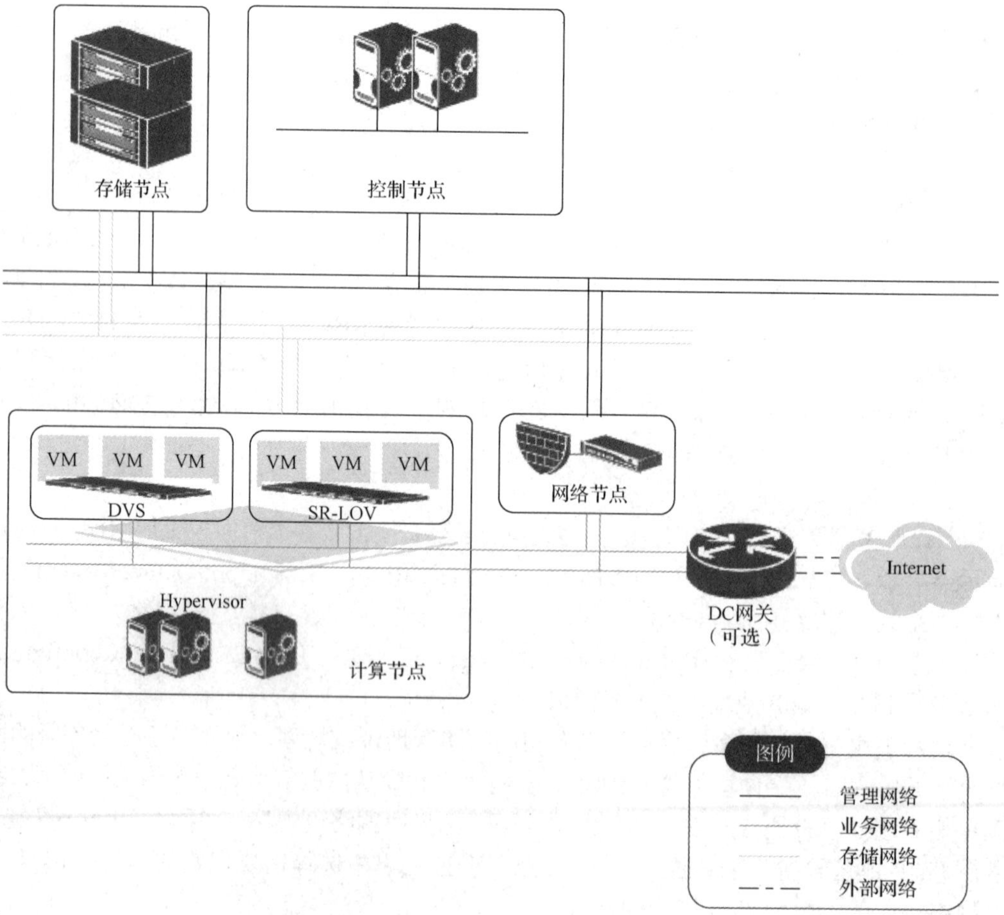

图 2.8　5G 核心网基础设施层架构

逻辑节点如表 2.7 所示。

表 2.7　逻辑节点

逻辑节点	描述
控制节点	负责对物理资源和虚拟资源的生命周期进行管理，为租户和管理员提供资源管理服务
计算节点	包括为创建 VM（Virtual Machine，虚拟机）提供所需的物理资源，可以提供虚拟资源使用的 CPU 和内存。计算节点需要启用 Nova-Compute 服务（TECS OpenStack 运行在计算节点上的代理），才可以接受控制节点的管理。控制节点可以管理所有的计算节点
存储节点	为用户创建虚拟机提供所需的存储资源，且可为用户划分必要的存储空间。存储节点需要启用 Cinder 服务和存储插件（TECS OpenStack 运行在存储节点上的代理），这样才可以接受控制节点的管理
网络节点	为系统提供安全保护、路由转发和流量均衡等功能，所以 VFW 和 VLB 等都可以被认为是网络节点。网络节点需要启用 Neutron 服务和网络插件（TECS OpenStack 运行在网络节点上的代理），这样才可以接受控制节点的管理

虚拟网络流量采用 VLAN 隔离，流量的控制由 Neutron 直接控制 DVS（Distributed Virtual Switch，分布式虚拟交换机）或 SR-IOV 网卡来完成。组网简单，当 DC 内的虚拟机需要直接与外部网络进行二层通信时，可不配置 DC 网关。图 2.8 中各网络平面的说明如表 2.8 所示。

表 2.8　网络平面

网络名称	说明
管理网络	管理网络是控制节点与计算节点、存储节点、网络节点之间的通信数据，包括带外管理数据、操作系统或应用软件部署数据流、控制节点管理虚拟化资源的数据流等
业务网络	业务网络可实现计算节点的虚拟机之间二层网络互联。如果业务面的网络流量较小，则可以选用 OVS（Open Virtual Swith，开放式虚拟机）；如果业务面流量需要高带宽、低时延，则可以选 DVS
存储网络	存储网络是存储节点提供虚拟存储资源的运行通道，在常见的组网应用中，存储节点采用 IP-SAN/FC-SAN 存储设备或采用 Ceph 存储设备。当采用 IP-SAN/FC-SAN 存储设备时，采用双控制器同时对外提供服务，每个控制器一般有多个网口，实现多路径存储方式，保障可靠运行。当采用 Ceph 存储设备时，对存储资源的访问是通过 Ceph 的公共网络（前端网络）实现的，执行 I/O 操作；而 Ceph 的集群网络（后端网络）主要用于 Ceph 节点间进行数据副本的复制，完成冗余容灾的高可靠性
外部网络	外部网络是虚拟机与系统外部互联的网络通道

2.2.4　任务实施

1．5G 核心网调试机设置

5G 核心网调试机在执行云平台系统安装过程之前，需要进行如下配置。

（1）关闭调试机上的防火墙。

（2）检查调试机端口的占用情况。

在使用虚拟化自动部署工具进行部署的过程中，为确保 21 号/67 号/68 号/69 号端口未被占用，调试机需要启动 DHCP（Dynamic Host Configuration Protocol，动态主机配置协议）和 TFTP（Trivial File Transfer Protocol，简易文件传送协议）。现以检查 21 号端口是否被占用为例进行说明，检查其他端口的操作步骤类似，不再详细描述。

步骤 1：在客户端的桌面上，单击“开始”按钮，在打开的“开始”菜单的左下侧的文本框中输入“cmd”，然后按 Enter 键，打开如图 2.9 所示的命令行窗口。

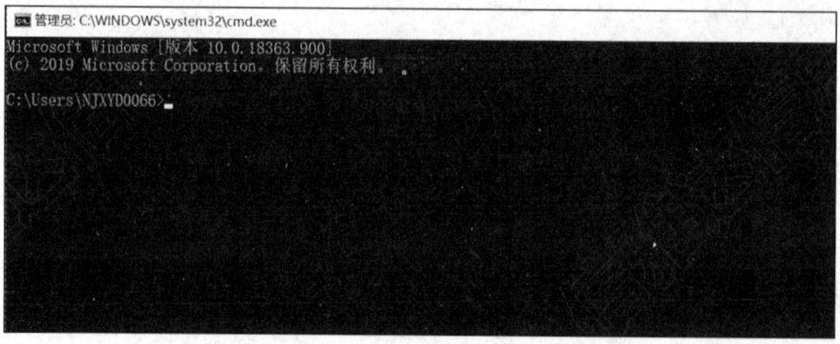

图 2.9　检查调试机端口占用情况步骤 1

步骤 2：在命令行窗口中输入“netstat -ano | findstr "21"”，然后按 Enter 键，系统的输出结果如图 2.10 所示，最后一列数字表示占用 21 号端口的进程 ID 为 3756。

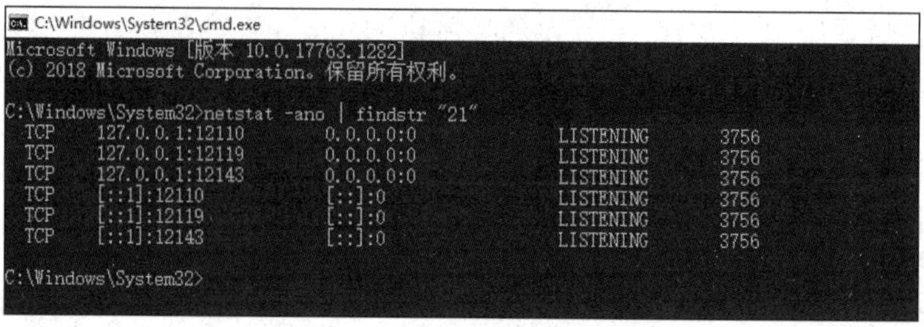

图 2.10　检查调试机端口占用情况步骤 2

步骤 3：输入“tasklist | findstr "3756"”，查询该进程 ID 对应的进程名称。系统的输出结果如图 2.11 所示，3756 号进程对应的进程名为 AvastSvc.exe，表示当前 21 号端口被 AvastSvc 软件占用，需要停用此软件。

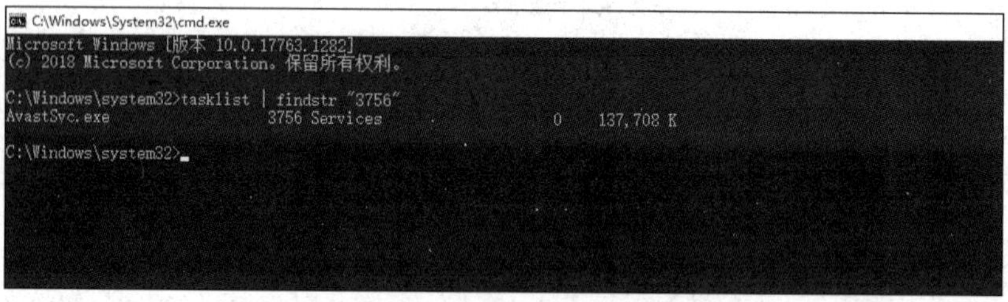

图 2.11　检查调试机端口占用情况步骤 3

（3）检查网卡的 MTU 值。

虚拟化自动部署工具通过 PXE（Preboot Execute Environment，预启动执行环境）方式为 R5300 G4 机架式服务器安装 Mimosa 操作系统，在安装过程中，调试机将作为 DHCP 服务器和 TFTP 服务器为 R5300 G4 机架服务器提供服务。须设置调试机 TFTP 服务器的 MTU 值设置值不小于 1500。具体操作如下。

步骤 1：在客户端的桌面上，单击“打开”按钮，在打开的“开始”菜单的左下侧的文本框中输入“cmd”，然后按 Enter 键。

步骤 2：在打开的命令行窗口中输入“netsh interface ipv4 show subinterfaces”，按 Enter 键，然后检查客户端网卡的 MTU 值，查询结果如图 2.12 所示。

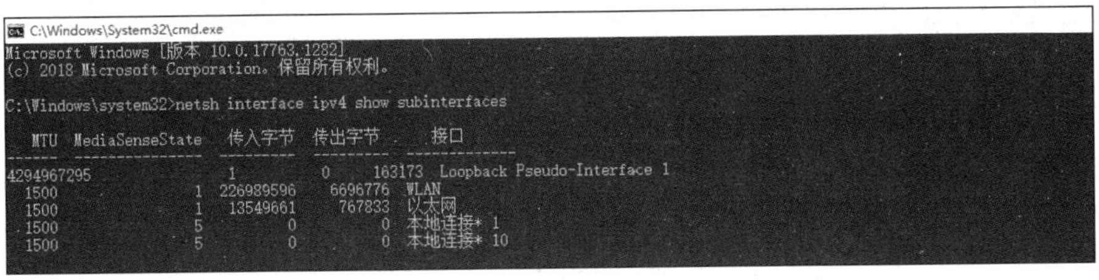

图 2.12　检查 MTU 值步骤 2

其中第一列“MTU”显示的是 MTU 值，最后一列“接口”显示的是网卡名称，客户端与外部交换机连接的网卡名称为本地连接。

如果 MTU 值不为 1500，则可以设置本地连接网卡的 MTU 值为 1500，命令格式为“netsh interface ipv4 set subinterface "本地连接 2" mtu=1500 store=persistent”，之后在命令执行结果中，显示本地连接 2 网卡的 MTU 值已经设置为 1500。

（4）设置调试机的 IP 地址。

通过 PXE 方式为 R5300 G4 服务器安装 Mimosa 操作系统，在安装过程中，调试机将作为 DHCP 服务器和 TFTP 服务器为 R5300 G4 服务器提供服务。为了保证调试机能够收到 R5300 G4 服务器发送的 DHCP 分配地址请求消息，调试机必须和与 R5300 G4 服务器通信的 PXE_NET 网络平面进行二层连接，即调试机的 IP 地址必须配置在 PXE_NET 网络平面所在的网段中，根据规划数据，必须配置在 192.168.200.×/24 网段中，调试机的 IP 地址规划如表 2.9 所示。

表 2.9　IP 地址规划表

节点	网络平面名称	VLAN	地址	网关
调试机	PXE_NET	800	192.168.200.100	192.168.200.254

调试机的客户端 Internet 协议版本 4（TCP/IPv4）的设置如图 2.13 所示。

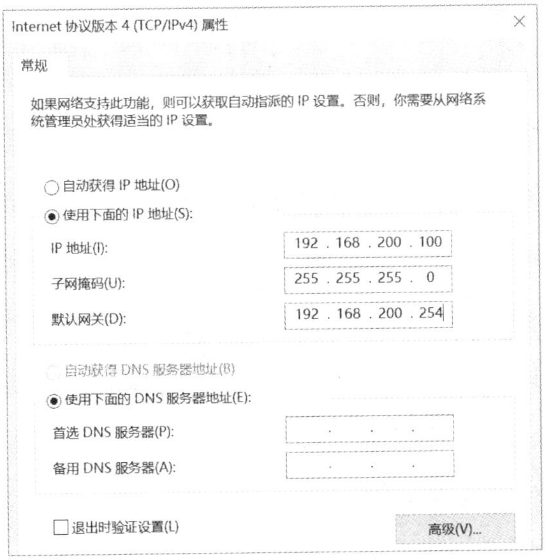

图 2.13　配置 IP 地址

2. 路由交换机的网络平面规划

基于 5G 核心网的基础设施架构及 5G 核心网物理连接组网架构，将汇聚交换机上连接 PC 的端口加入规划的 PXE 网络，PC 需要通过 PIM 网络访问服务器的 iSAC 口管理端口，打通 PC 访问 PIM 的通路。用户 PC 通过一个物理网卡与交换机连接，所有网络都通过外部交换机 8902E 进行转发。交换机的网络平面规划如表 2.10 所示。

表 2.10 交换机的网络平面规划

网络平面	功能描述
PXE_NET	其是 Daisy 与控制节点和计算节点通信的网络平面。Daisy 通过此网络平面为控制节点和计算节点安装 Mimosa 操作系统和 TECS OpenStack
OUTBAND	对硬件设备进行管理的网络平面（PIM_NET）
MANAGEMENT	管理平面，TECS OpenStack 内部各组件（如 Daisy 与 Provider）之间都是通过这个网络平面互相通信的
TECSClient	其是 Provider 的服务器与客户端通信的网络平面。操作员通过此网络平面在客户端使用浏览器访问 Provider 提供的图形化界面，即 Provider 对外提供交互的平面
PUBLICAPI	其是 Provider 用于向对端设备提供 API 的网络平面。对端设备可以是 CloudStudio、TECS Director 或其他 PaaS 平台
StorageData	其是与存储业务数据接口通信的网络平面，用于 TECS OpenStack 客户端与 CloveStorage 存储集群、MON 与 MON 之间、MON 与 OSD 之间的通信
HEARTBEAT	其是两个控制节点之间用于心跳链路通信的网络平面
physnet1	其是计算节点对外提供接口的网络平面，是分配给各业务网元使用的业务网络平面

注：对于使用 Ceph 存储的场景，通常只需要配置一个网络平面——StorageData。

3. 网络平面的 IP 地址规划

网络平面的 IP 地址规划如表 2.11 所示。

表 2.11 网络平面的 IP 地址规划

网络平面	VLAN	CIDR	本端 IP 地址
PXE_NET	800	—	系统会自动匹配一个 99.99.1.×网段的 IP 地址，无须配置。 调试机：192.168.200.100 网关：192.168.200.254
OUTBAND	700	172.255.210.0/24	Provider Float：172.255.210.243 Controller-VM-1：172.255.210.245 Controller-VM-2：172.255.210.246 各节点的 OUTBAND 的 IPMI 地址如下。 Controller-host1：172.255.210.1 Controller-host2：172.255.210.2 Computer01：172.255.210.4 Computer02：172.255.210.5
MANAGEMENT	801	2000::1:1:1:0/64	Internal VIP：2000::1:1:1:1（配置时占用当前管理面网络范围中空闲最小的地址） Provider Float：2000::1:1:1:2（配置时占用当前管理面网络范围中空闲最小的地址） Controller-host1：2000::1:1:1:3（Controller-VM-1：2000::1:1:1:245） Controller-host2：2000::1:1:1:4（Controller-VM-2：2000::1:1:1:246） Computer01：2000::1:1:1:6 Computer02：2000::1:1:1:7

续表

网络平面	VLAN	CIDR	本端 IP 地址
TECSClient	802	fd00:1000:0:251::0/64	HA Float：fd00:1000:0:251::244 Controller-host1：fd00:1000:0:251::3（Controller-VM-1：fd00:1000:0:251::245） Controller-host2：fd00:1000:0:251::4（Controller-VM-2：fd00:1000:0:251::246） 网关：fd00:1000:0:251::1
PUBLICAPI	803	3000::1:1:1:0/64	HA PUBLIC Float：3000::1:1:1:244 Controller-VM-1：3000::1:1:1:245 Controller-VM-2：3000::1:1:1:246
StorageData	806	192.168.48.0/24	Controller-host1：192.168.48.1 Controller-host2：192.168.48.2 Computer01：192.168.48.4 Computer02：192.168.48.5
HEARTBEAT	—	5000::1:1:1:0/64	Controller-VM-1：5000::1:1:1:1 Controller-VM-2：5000::1:1:1:2
physnet1	VLAN	VLAN ID：1000～2499（172.255.202.0/24 业务平面）	

注：OUTBAND 即 BMC 的通信地址。规划数据仅供参考。

4．路由交换机配置（以 8902E 为例）

根据网络平面及 IP 地址规划，下面以与调试机相连接的交换机上 22 号端口 VLAN800 为例介绍路由交换机的配置。在端口是 0 号机架 2 号槽位单板 0 号万兆以太网子卡上的 22 号端口的交换机上配置接口 VLAN 及地址信息。

```
ZXR10(config)#switchvlan-configuration
#进入 89 系列交换机 VLAN 配置模式#
ZXR10(config-swvlan)#interface xgei-0/2/0/22
#进入交换机 VLAN 端口配置模式#
ZXR10(config-swvlan-if-gei-0/2/0/22)#switchport access vlan 800
#将 access 端口加入 VLAN 800 中,如果该 VLAN 不存在,则创建 VLAN#
ZXR10(config-swvlan-if-gei-0/2/0/22)#exit
#退出当前模式,直至配置模式下#
ZXR10(config)#interface vlan 800
#进入 VLAN 800 配置模式#
ZXR10(config-if-vlan 800)#ip address 192.168.200.254 255.255.255.0
#配置 VLAN 800 的 IPv4 地址及掩码#
ZXR10(config-if-vlan 800)#end     #配置完成后退到根配置下#
ZXR10#write                       #保存数据#
```

5．网络连接及连通性检查

完成以上配置后，可以检查调试机与端口是 0 号机架 2 号槽位单板 0 号万兆以太网子卡上的 22 号端口的交换机的连通性，命令如下：

```
ZXR10#ping 192.168.200.254
sending 5,100-byte ICMP echoes to 192.168.200.254,timeout is 2 seconds.
!!!!!
Success rate is 100 percent(5/5),round-trip min/avg/max= 129/185/200 ms
```

6．网络路由配置

根据规划，交换机除了 VLAN 800，还要完成 VLAN 700、801、802、803、806 及业务 1000～2499（根据需要自定义）的配置。这里的 VLAN 地址即各平面的网关地址，根据各 VLAN 连接的组件不同，组件之间的通信需要在交换机上完成静态路由的配置，静态路由是在全局配置模式下配置的，一次只能配置一条。在命令 ip route 之后是远端网络及子网掩码，以及到达远端网络的下一跳 IP 地址。这里以调试机访问 TECSClient 客户端为例，具体配置步骤如下。

步骤 1：通过调试机客户端 telnet 方式登录交换机，命令如图 2.14 所示。

```
C:\Users\NJXYD0066>telent 192.168.200.254
```

图 2.14　登录交换机的命令

步骤 2：输入用户名和密码，登录并进入配置界面。

步骤 3：配置静态路由，命令如下：

```
ZXR10(config)#ip route 172.255.210.0 255.255.255.0 172.255.210.254
```

步骤 4（可选）：检查路由配置是否生效（在完成 TECS 配置后验证），命令如下。

```
ZXR10#ping 172.255.210.17
sending 5,100-byte ICMP echoes to 192.168.210.17,timeout is 2 seconds.
!!!!!
Success rate is 100 percent(5/5),round-trip min/avg/max= 129/185/200 ms
```

习题 4

1．ZTE R5300 G4 机架式服务器作为控制节点虚拟机的网卡信息：（　　）。

A．管理平面使用⟷绑定网卡 1 和网卡 2

B．存储平面和心跳平面⟷绑定网卡 3 和网卡 4

C．管理平面使用⟷绑定网卡 3 和网卡 4

D．存储平面和心跳平面⟷绑定网卡 5 和网卡 6

2．ZTE R5300 G4 机架式服务器作为宿主机的网卡信息：（　　）。

A．管理平面使用⟷绑定网卡 1 和网卡 2

B．存储平面和心跳平面⟷绑定网卡 3 和网卡 4

C．业务平面⟷绑定网卡 5 和网卡 6

D．存储平面和心跳平面⟷绑定网卡 5 和网卡 6

3．5GC 基础设施层一般由（　　）组成。

A．控制节点　　B．计算节点

C．网络节点　　D．存储节点

4．简述通过浏览器登录 R5300 G4 服务器 BMC 的 Web 门户进行服务器管理地址的修改过程。

任务 2.3　5G 核心网的服务器部署及软件准备

扫一扫看本任务教学课件

2.3.1　任务描述

5G 核心网的服务器软件准备是 5G 核心网安装前重要的工作环节，首先确定服务器的型号、数量及容灾方式建设的合理性及可行性，然后进行 5G 核心网服务器软件的选择及准备，为后续 5G 核心网服务软件安装做好准备。通过本任务的学习，能够掌握 5G 核心网服务器的型号、容灾方式和软件类型，具备服务器规划和软件选择的能力。

2.3.2　任务目标

（1）掌握 5G 核心网的服务器部署；

（2）能根据容灾方式和规划确定服务器的安装数量；

（3）能够准备好 5G 核心网服务器软件。

2.3.3　知识准备

1．5G 核心网的服务器部署

5G 核心网部署根据用途不同、容量不同、容灾方式不同，服务器的需求数量有所不同，一般最小可采用 1+3 方式（1 个控制节点和 3 个计算节点），这种部署控制节点无容灾，用于教学实验；也可以采用 2+2 方式增加控制节点的容灾，适用于较小规模的商用局；目前国内主流运营商为了网络的安全更多采用 3+N 的方式（3 台控制节点主机及更多的计算节点）提供业务或存储处理。5G 核心网服务器（以主流通信设备商 ZTE R5300 G4 通用服务器为例）根据硬盘的规格和配置方式不同，外形有所区别。

2．5G 核心网的服务器软件

本任务涉及在硬件服务器上安装 Mimosa 操作系统，TECS OpenStack 云平台管理软件和 DVS 软件在后续云管理平台搭建过程中使用，因此服务器操作系统安装完成后须上传 TECS OpenStack 云平台管理软件和 DVS 软件。具体软件内容如表 2.12 所示。

表 2.12　具体软件内容

软件类型	名称	软件包名称	功能
操作系统	Mimosa	Mimosa-x86_64-7.4-devI431T20190130-FI.iso	Mimosa 操作系统是中兴通讯股份有限公司基于 Linux 研发的一款适用于高性能服务器的操作系统
VIM	TECS OpenStack	ZXTECS_V03.17.15.P3B1_I13866_installtecs_el7_noarch.bin	TECS OpenStack 是中兴通讯股份有限公司基于 OpenStack 开源标准接口研发的一款云平台管理软件

续表

软件类型	名称	软件包名称	功能
控制节点虚拟机的镜像文件		Mimosa-x86_64-7.4-B2I71T20190130-Manager-provider02-001-20190128230929-daisy11567-tecs13866.img	用于在宿主机上启用控制节点虚拟机
JDK 安装包		TECSV03.17.15.P3_JDK_VERSIONS.zip，解压缩后包括如下两个文件：jdk.tar.gz 和 zulu8.28.0.1-jdk8.0.163-linux_x64.tar.gz	
分布式虚拟交换机	DVS	DEPLOY_ZXDVS3.0_P8_20170110_96.bin	DVS 可以被理解为 OVS 和 DPDK（Data Plane Development Kit，数据平面开发套件）两者的集成

Mimosa 操作系统软件集成了 CGSL 操作系统、基于 Linux 内核的 KVM 虚拟化工具、Provider、Daisy 等软件。Provider 对外提供图形化界面，即 Provider 对外提供交互的平面，操作员通过客户端使用浏览器访问 Provider。Daisy 是用于为控制节点和计算节点安装 Mimosa 操作系统和 TECS OpenStack 的工具。

2.3.4 任务实施

5G 核心网服务器软件选择：根据布置的 5G 核心网组网架构，选择合适的服务器数量，做好服务器版本的准备。

习题 5

1．5G 核心网部署根据用途不同、容量不同、容灾方式不同，服务器的需求数量有所不同，一般部署方式有（　　）。

A．1+3 方式，1 个控制节点和 3 个计算节点

B．2+2 方式，增加控制节点的容灾

C．3+*N* 的方式，3 台控制节点主机及更多的计算节点

D．控制节点必须双机备份

2．下列属于 5G 核心网服务器软件的是（　　）。

A．Mimosa 操作系统

B．TECS OpenStack 云平台管理软件

C．DVS 软件

D．JDK 安装包

3．根据用途不同、容量不同、容灾方式不同，简单介绍服务器的部署方式，并分别说明具体的应用场景。

任务 2.4　安装 5G 核心网服务器

扫一扫看本任务教学课件

2.4.1　任务描述

本任务在部署为控制节点的两台主机上安装和配置 Mimosa 操作系统，并启用控制节点虚机。

安装方式为通过挂载 ISO 镜像方式手动安装主机的 Mimosa 操作系统，以提供硬件虚拟化服务。使用 ISO 镜像方式安装首节点成功后，首节点会作为其他主机（计算节点）的安装引导服务器，其他主机以 PXE 方式启动后，自动连接第一台主机进行 PXE 安装。规划控制节点的部署方式为 HA，即需要分别在两台主机上部署控制节点虚拟机，两台主机的安装方式相同，本节仅以其中一台主机为例进行说明，另一台主机不再详细描述。

2.4.2　任务目标

（1）掌握 5G 核心网数据规划内容及相关知识；

（2）掌握控制节点上 Mimosa 操作系统的安装和配置方法；

（3）掌握控制节点虚拟机的配置方法。

2.4.3　知识准备

在安装过程中会涉及一些网络平面的数据，5G 核心网数据规划必须提前完成，避免在安装过程中临时规划数据影响服务器安装。

5G 核心网是基于云化架构的，因此为了满足云的部署，做好各平面的隔离很重要，这里需要进行一系列的数据规划，主要包含通用数据规划和网络数据规划两部分。

1．通用数据规划

通用数据规划主要包含部署方式、部署方式的规划原则、主机名称的规划原则和存储空间规划。

1）部署方式

这里以 ZTE 5G 核心网部署为例，ZTE 资源云管理系统基于 OpenStack 技术，简称 TECS OpenStack。该系统由一系列的逻辑节点组成，包括控制节点、存储节点、计算节点和网络节点，这些节点基于前面所讲的物理的计算、存储、网络资源。在实际组网中，根据云平台管理环境的规模，分为以下几种部署方式。

（1）合一部署。合一部署表示所有的节点合一部署，适用于系统规模较小的云平台管理环境。将 TECS OpenStack 的所有服务所涉及的节点安装在一台主机上（主机指物理上的硬件服务器）。此时推荐在计算节点的配置中给存储、网络等节点的服务预留一些资源。

（2）分离部署。当 TECS OpenStack 规模稍大，需要考虑控制各服务的处理性能时，可以将 TECS OpenStack 的各服务进行分离部署，具体为各类节点可以分别部署在不同的主机上，通常是指控制节点和计算节点分离部署。一般情况下，建议将存储节点和网络节点所涉及的服务与计算节点涉及的服务部署在一起。

2）部署方式的规划原则

通常情况下，TECS OpenStack 采用分离部署方式，即控制节点和计算节点分离部署，且控制节点采用双机方式进行部署（在实验中可以考虑单机部署）。

3）主机名称的规划原则

根据主机采用的服务器类型（包括机架式服务器和机框式服务器）进行主机名称的规划，这里以机架式服务器为例，对于机架式服务器，主机没有命名原则，简单使用服务器名称和数字进行编号即可，如表 2.13 所示。

表 2.13　主机名称的命名原则

类别	主机名称	备注
宿主机	Controller-host1～Controller-host3	通常情况下，把部署了控制节点虚拟机的物理机称为宿主机
控制节点虚拟机	Controller-VM-1 ～ Controller-VM-3	控制节点虚拟机的名称，TECS OpenStack 客户端固定显示为 host+节点 IP 地址，不能修改
计算节点	Computer 01、Computer 02、…	—

4）存储空间规划

存储空间规划分为 3 个场景，这里分别列举 3 个场景的规划数据，以供参考。

对于使用共享存储（即使用磁阵存储数据）的场景，各逻辑卷的大小设置如表 2.14 所示，在商用环境中，一般采用 900GB 硬盘的主机。

表 2.14　共享存储场景各逻辑卷的大小设置

LV	VG	各逻辑卷的大小/GB			存储位置
		1.2TB	900GB	600GB	
lv_nova	Vg_data	450	450	335	服务器本地硬盘
lv_provider	Vg_provider	100	100	100	共享存储
lv_glance	Vg_glance	500	500	500	
lv_db	Vg_db	100×3	100×3	100×3	
lv_db_backup	Vg_db_backup	50×3	50×3	50×3	
lv_mongodb	Vg_ mongodb	50×3	50×3	50×3	
lv_root	Vg_sys	20	20	20	服务器本地硬盘
lv_var		50	50	50	
lv_home		30	30	30	

对于使用本地硬盘存储数据的场景，必须使用 900GB 以上的硬盘的主机，否则主机硬盘容量过小，无法满足控制节点和计算节点的使用要求，如表 2.15 所示。

表 2.15　本地硬盘存储场景各逻辑卷的大小设置

LV	VG	各逻辑卷的大小/GB			存储位置
		1.2TB	900GB	600GB	
lv_nova	Vg_data	450	335	280	服务器本地硬盘
lv_glance	Vg_local	250	100	80	
lv_db		100	100	20	
lv_db_backup		50	50	20	

续表

LV	VG	各逻辑卷的大小/GB			存储位置
		1.2TB	900GB	600GB	
lv_mongodb	Vg_local	50	50	20	服务器本地硬盘
lv_provider	Vg_provider_provider	100	100	30	
lv_root	Vg_sys	20	20	20	
lv_var		50	50	50	
lv_home		30	30	30	

2. 网络数据规划

网络数据规划主要包含管理和存储合一与分离两种情况的网卡规划。TECS OpenStack 支持部署在多种类型的硬件服务器上，各硬件服务器的网卡名称略有差别，应以实际环境中的名称为准。

服务器交换板上的网卡规划如表 2.16 所示。

表 2.16　服务器交换板上的网卡规划

节点类型	通信平面	网络平面名称	网卡	子接口	绑定类型	绑定模式
控制节点虚拟机	管理平面	PXE、MANAGEMENT、OUTBAND、TECSClient、StorageMNT	绑定宿主机上的网卡 1 和网卡 2，对应网桥 br-DYMANA	eth0	Linux	active-backup
	存储平面和心跳平面	HEARTBEAT、StorageData1、StorageData2	绑定宿主机上的网卡 3 和网卡 4，对应网桥 br-DYHEAR	eth1		
宿主机	管理平面	TECSClient、MANAGEMENT	绑定网卡 1 和网卡 2	br-DYMANA		
	存储平面和心跳平面	StorageData1、StorageData2	绑定网卡 3 和网卡 4	br-DYHEAR		
	业务平面	default	绑定网卡 5 和网卡 6	bond2	OVS	active-backup 模式，不开启 LACP，此平面为可选
计算节点	管理平面	PXE、MANAGEMENT	绑定网卡 1 和网卡 2	bond0	Linux	active-backup
	存储平面和心跳平面	StorageData1、StorageData2	绑定网卡 3 和网卡 4	bond1		
	业务平面	default	绑定网卡 5 和网卡 6	bond2	DVS	1．采用 SDN 组网方式，使用 VXLAN balance-db 模式，不开启 LACP。 2．不采用 SDN 组网方式，使用 VLAN balance-tcp 模式，开启 LACP

所有子接口的规划（以存储平面使用两个单独的网卡为例）如表 2.17 所示。

表 2.17 子接口的规划

节点名称	bond 接口名称	VLAN ID	网络平面	备注
控制节点虚拟机	eth0	700	OUTBAND	—
控制节点虚拟机	eth0	800	PXE	—
控制节点虚拟机	eth0	801	MANAGEMENT	—
控制节点虚拟机	eth0	802	TECSClient	—
控制节点虚拟机	eth0	803	PUBLICAPI	—
控制节点虚拟机	eth0	805	StorageMNT	本地存储可不配置
控制节点虚拟机	eth1	806	StorageData1	本地存储只需要配置一个 StorageData
控制节点虚拟机	eth1	806	StorageData2	本地存储只需要配置一个 StorageData
控制节点虚拟机	eth1	—	HEARTBEAT	—
宿主机	br-DYMANA	801	MANAGEMENT	—
宿主机	br-DYMANA	802	TECSClient	—
宿主机	br-DYHEAR	806	StorageData1	本地存储只需要配置一个 StorageData
宿主机	br-DYHEAR	806	StorageData2	本地存储只需要配置一个 StorageData
宿主机	bond2	—	default	—
计算节点	bond0	801	MANAGEMENT	—
计算节点	bond1	806	StorageData1	本地存储只需要配置一个 StorageData
计算节点	bond1	806	StorageData2	本地存储只需要配置一个 StorageData
计算节点	bond2	—	default	—

2.4.4 任务实施

1. 主用控制节点启动方式的设置

在操作系统安装之前，需要将部署为控制节点宿主机的启动方式设置为光驱启动。步骤如下（以设置 ZTE R5300 G4 刀片服务器的启动方式为光驱启动为例）。

（1）在调试机上打开 IE 浏览器，输入 ZTE R5300 G4 ZXSAC 接口地址（规划数据为 192.168.5.11）：https://192.168.5.11，按 Enter 键，进入登录界面，如图 2.15 所示。

图 2.15 ZTE R5300 G4 ZXSAC 的登录界面

（2）在登录界面中输入用户名称（默认为 zteroot）、密码（默认为 Superuser9!），并选择是否记住用户名，然后单击“登录”按钮，进入 ZTE R5300 G4 的管理界面，如图 2.16 所示。

图 2.16　ZTE R5300 G4 ZXSAC 的管理界面

（3）在管理界面的导航栏中选择“设置”选项，进入设置界面，如图 2.17 所示。

图 2.17　设置界面

（4）在设置界面中选择“启动方式设置”选项，在打开的界面中选中“启动设备”选项组中的“光驱”单选按钮和“生效方式”选项组中的“单次”单选按钮，如图 2.18 所示。

图 2.18　设置启动方式为光驱

（5）单击“设置”按钮，主用控制节点的启动方式修改为光驱启动。后续步骤是挂载 ISO 镜像。

2．操作系统的 ISO 镜像挂载

（1）在 ZTE R5300 G4 的 ZXSAC 管理界面的导航栏中选择“远程控制”选项，切换到远程控制界面，如图 2.19 所示。

图 2.19　远程控制界面

（2）单击“启动 KVM(HTML)”按钮，系统将弹出“另存为”对话框，确认后开始下载 jviewer.jnlp 插件。

（3）单击成功下载的 jviewer.jnlp 插件，弹出“安全警告-是否继续”对话框；单击“继续”按钮，弹出“是否要运行此应用程序”对话框；选中“接受风险并希望运行此应用程序”复选框，单击“运行”按钮，进入连接选择界面；单击“Yes”按钮，进入 KVM 连接界面，如图 2.20 所示。

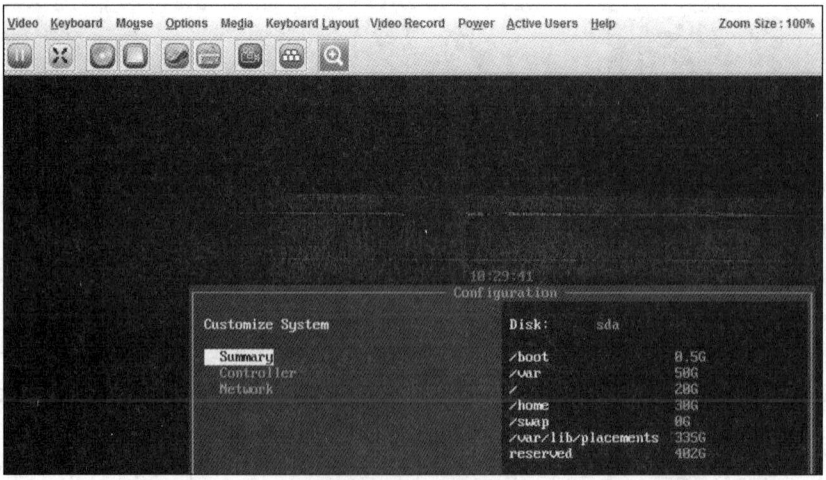

图 2.20　KVM 连接界面

（4）在工具栏中单击光盘图标，如图 2.21 所示。

图 2.21　单击光盘图标

（5）在打开的“Virtual Media”对话框的“CD/DVD Media: Ⅰ”选项组中选择 Mimosa 操作系统的镜像文件，单击“Connect”按钮，此按钮变为“Disconnect”按钮，表示 ISO 镜像挂载成功，如图 2.22 所示。

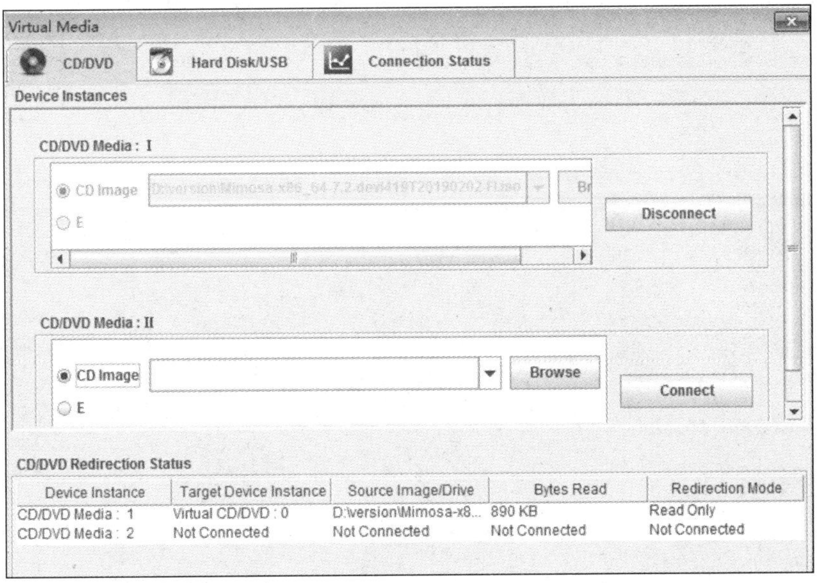

图 2.22　ISO 镜像挂载成功

（6）选择“Power”→“Reset Server”选项，重启服务器，如图 2.23 所示。服务器开始从光驱启动，后续需要根据提示信息安装操作系统。

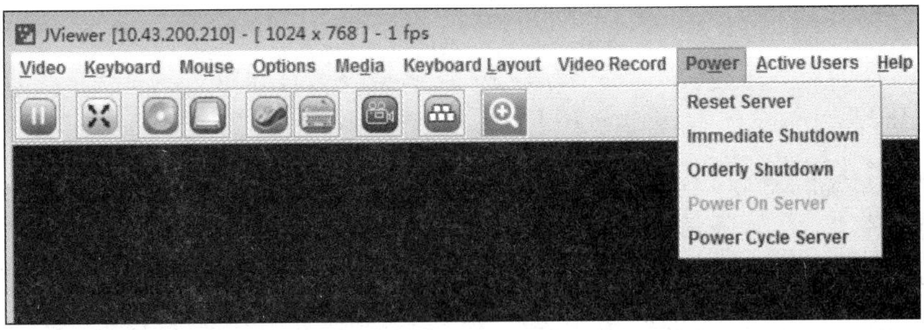

图 2.23　选择重启服务器

3. 配置主用控制节点的 Mimosa 操作系统

重新启动需要部署为控制节点的服务器，进入 Mimosa 操作系统的自动安装模式，如图 2.24 所示。

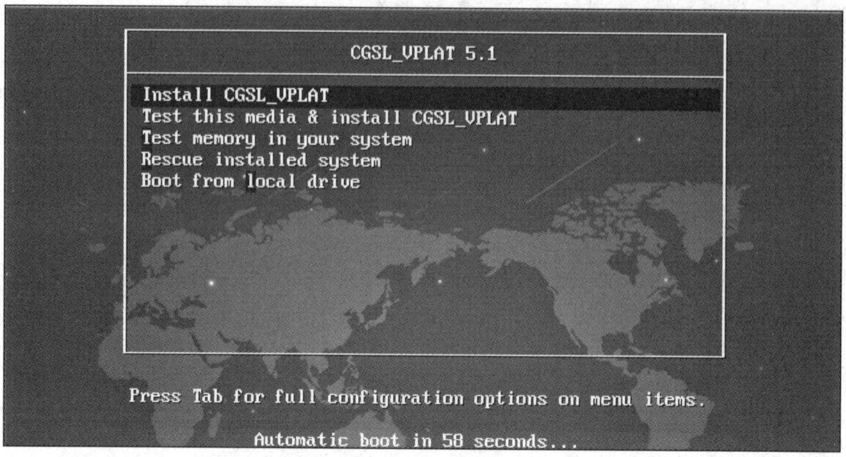

图 2.24　安装操作系统 1

耐心等待一段时间，直到出现如图 2.25 所示的页面。

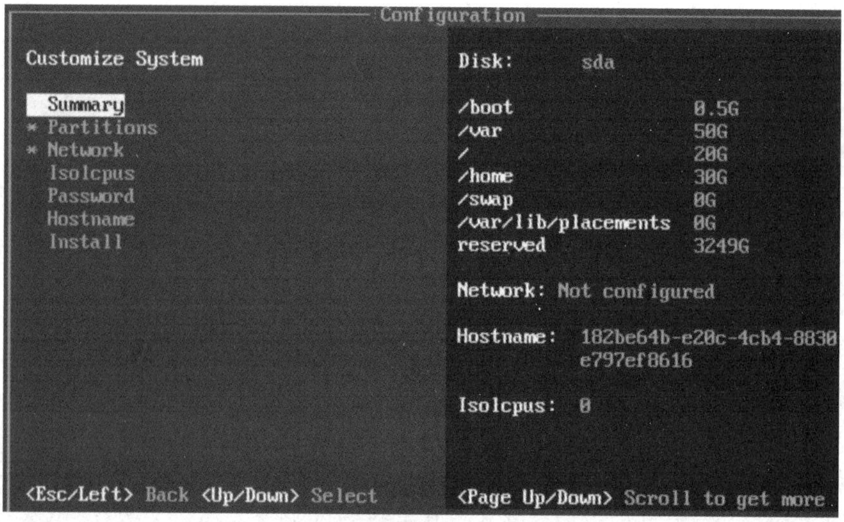

图 2.25　操作安装系统 2

以下根据系统要求和网络平面规划及地址数据信息进行安装，共有 6 个步骤，具体安装配置步骤如图 2.26 所示。

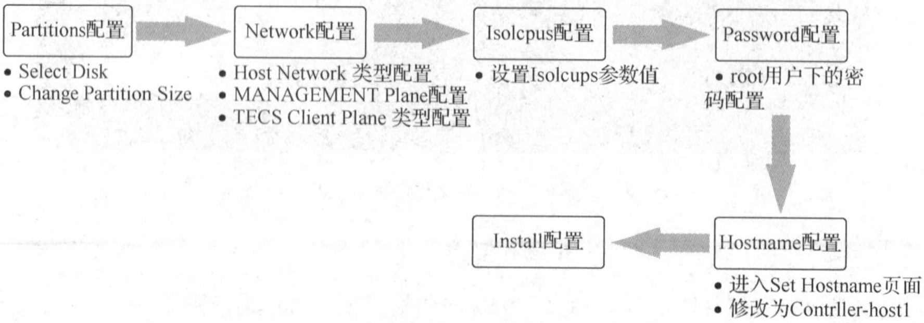

图 2.26　操作系统的安装配置步骤

（1）按键盘上的方向键，将光标向下移动到 Partitions，如图 2.27 所示。

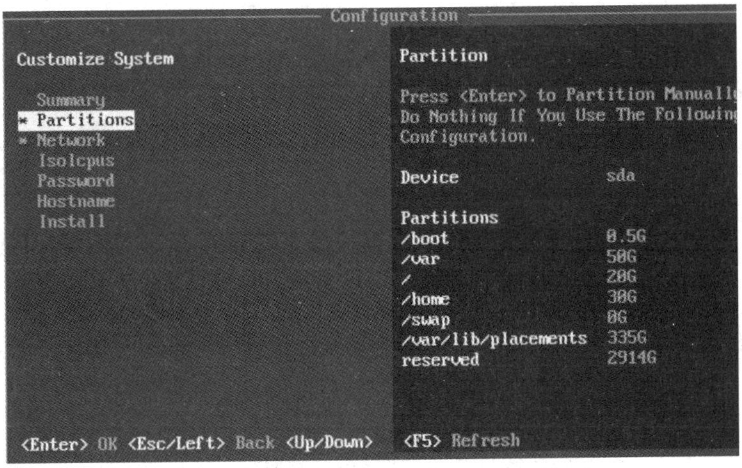

图 2.27　安装操作系统 3

按 Enter 键，进入配置硬盘分区信息界面，具体配置项包含硬盘选择和分区大小设置。通常情况下，建议设置为分区 sda，Change Partition Size 中/swap 分区空间的对话框中的数据保持 swap 分区默认值；宿主机/var/lib/placements 空间的大小如表 2.18 所示。

表 2.18　空间规划　单位：GB

Placements 大小	总硬盘大小
245	≤520
290	>520

配置完成后，按 Enter 键，回到配置分区信息界面，此时可以看到在界面的右侧，/var/lib/placements 分区的数据已经修改成功，如图 2.28 所示。

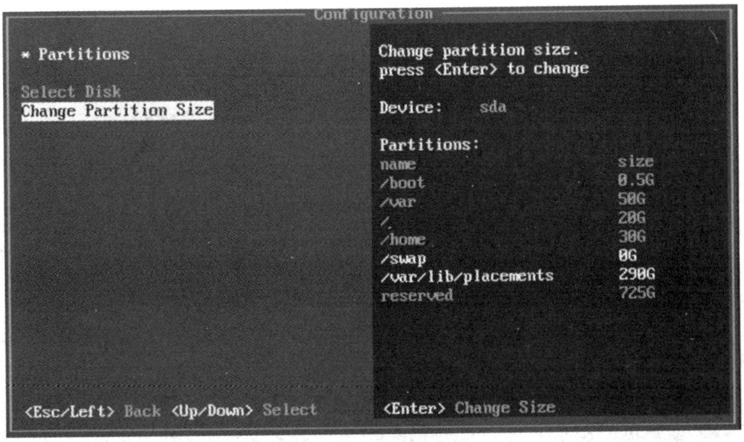

图 2.28　修改分区信息

（2）按 Esc 键后，按键盘上的方向键，将光标向下移动到 Network，开始配置网络数据。在网络配置中，需要根据数据规划的网络平面地址信息完成具体的数据配置，其中主机网络平面地址类型的选择包含 IPv4 和 IPv6 类型；管理平面和 TECS 客户端配置完成网卡绑定的方式、网卡绑定配置、bond 地址配置、VLAN 等配置。配置完成后，按 Enter 键，回到 Network 界面，界面右侧显示配置数据已经成功，网络配置的内容具体如图 2.29 所示。

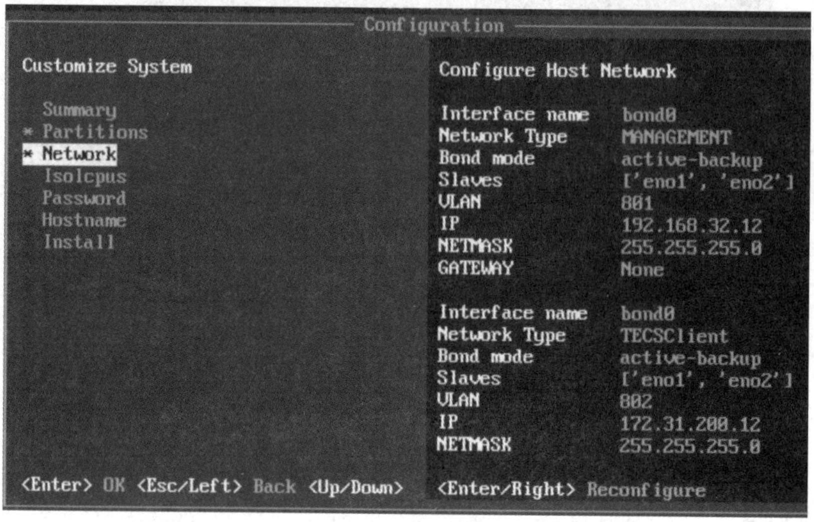

图 2.29　配置 Network

（3）移动光标至 Isolcups，设置 Isolcups 的值。该参数用于设置隔离后分配给控制节点虚拟机的 CPU 的核数。Isolcups 的规划如表 2.19 所示。

表 2.19　Isolcups 的规划

物理服务器规模	控制节点虚拟机（推荐配置）	控制节点虚拟机（最小配置）	Ceph	宿主机	总规模
1～50 节点	24HT	12HT	4HT	8HT	36HT
51～100 节点	32HT	16HT	不建议合一	8HT	40HT
101～256 节点	48HT	32HT	不建议合一	8HT	56HT

在实际开局中根据物理服务器的实际情况进行设置，隔离后的核不会被宿主机操作系统调用。配置完成后，界面如图 2.30 所示（图中的数据仅为示例）。

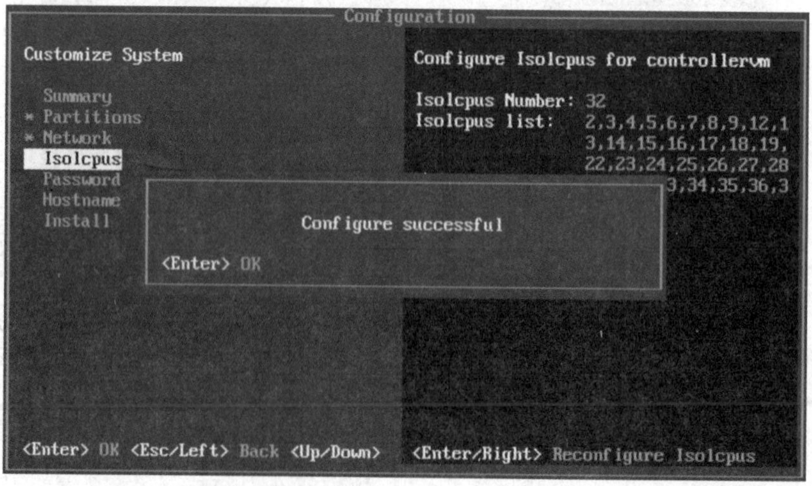

图 2.30　配置 Isolcups

（4）将光标向下移动到 Password，进行 Password 的配置，Mimosa 操作系统的用户为 root，默认的密码为 ossdbg1，根据安全需求修改密码，如果不修改，那么此步操作也可以直接略过。

（5）将光标向下移动到 Hostname，开启 Hostname 的设置，按 Enter 键，打开 Set Hostname 页面，如图 2.31 所示。默认的主机名为 host-2000--1-1-1-3，后面的数字默认为配置的宿主机 MANAGEMENT 网络平面的 IP 地址，根据规划修改主机名称，然后按 Enter 键，出现主机名称修改成功的提示信息。

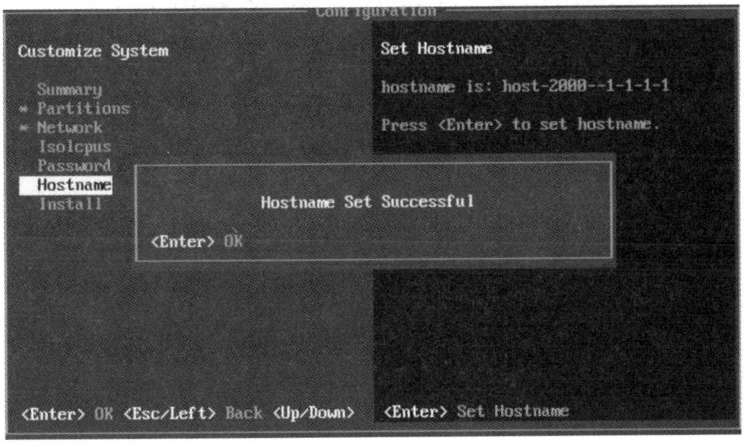

图 2.31　设置 Hostname

（6）返回配置硬盘分区信息界面，按键盘上的方向键，将光标向下移动到 Install，如图 2.32 所示，按 Enter 键，出现确认安装的提示信息，按 Y 键，开始自动为宿主机 Controller-host1 安装 Mimosa 操作系统。整个安装过程会持续 40～50min，应耐心等待，在此过程中，需要将宿主机的启动方式从光驱启动修改为从硬盘启动。在 Mimosa 操作系统安装结束后，宿主机开始自动重启。

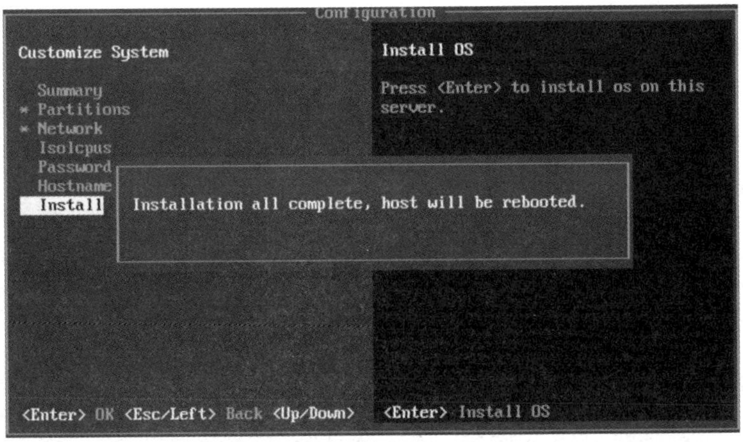

图 2.32　系统安装完成后重启

宿主机的 Mimosa 操作系统安装成功，并自动重新启动成功后，进入 Mimosa 操作系统启动界面。耐心等待一段时间，直到出现如图 2.33 所示的 Summary 界面。

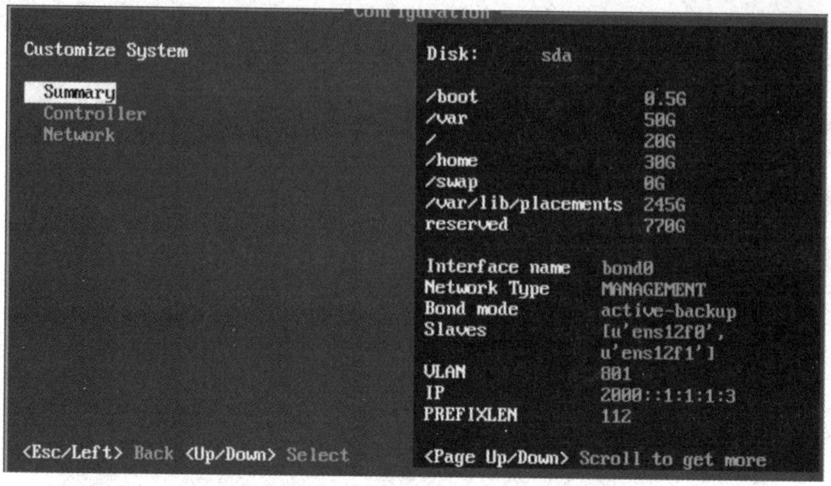

图 2.33　系统安装后重启进入 Summary 界面

4．配置控制节点的虚拟机

宿主机上的 Mimosa 操作系统安装成功后，需要在宿主机上配置并启用控制节点虚拟机 Controller-VM-1。

具体操作如图 2.34 所示。

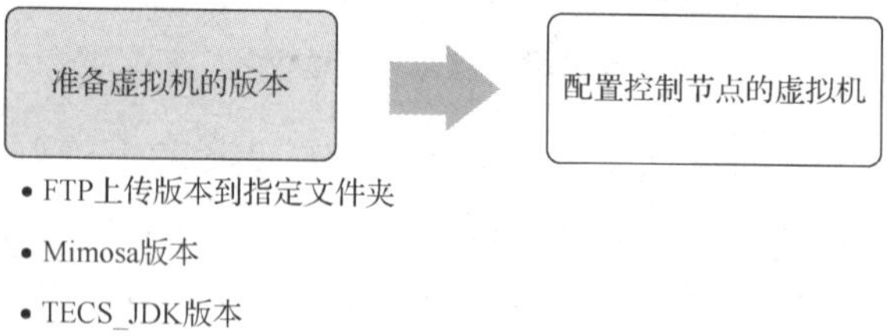

图 2.34　配置控制节点的虚拟机 1

（1）准备虚拟机的版本。命名用 FTP 工具把控制节点使用的镜像文件 Mimosa-x86_64-7.4-B2I71T20190130-Manager-provider02-001-20190128230929-daisy11567-tecs13866.img 上传到该宿主机的/var/lib/nova/instances/manager/tecsvm/images 路径下。

把 TECSV3.17.15.P3_JDK_VERSIONS.zip 文件解压后上传到/home/tecs 路径下，并配置相关数据，需要配置的数据如表 2.20 所示。

表 2.20　配置数据表

节点名称	Bond 接口	网络平面	VLAN ID	本端 IP 地址
Controller-VM-1	eth0	MANACEMENT	801	2000::1:1:1:245/64
		TECSClient	802	地址：fd00:1000:0:251::245/64 网关地址：fd00:1000:0:251::1
	eth1	单独的心跳平面（HEARTBEAT）或心跳平面和存储平面合一（HEARTBEAT/StorageData）	—	—

（2）配置控制节点的虚拟机，如图 2.35 所示。

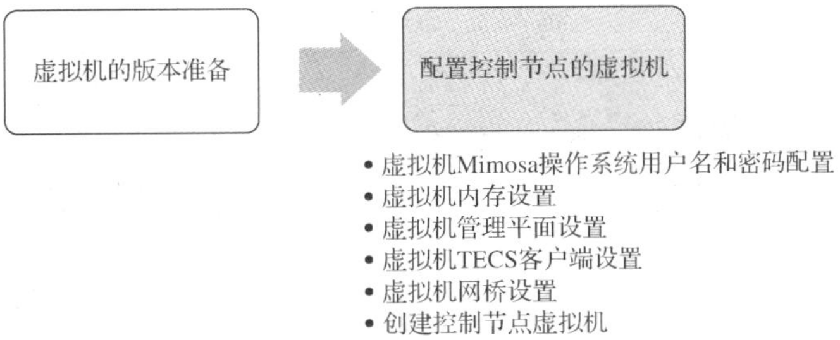

图 2.35　控制节点虚拟机配置

系统安装后重启进入 Summary 界面，按键盘上的方向键，将光标向下移动到 Controller，如图 2.36 所示，进行控制节点虚拟机的参数设置及配置。

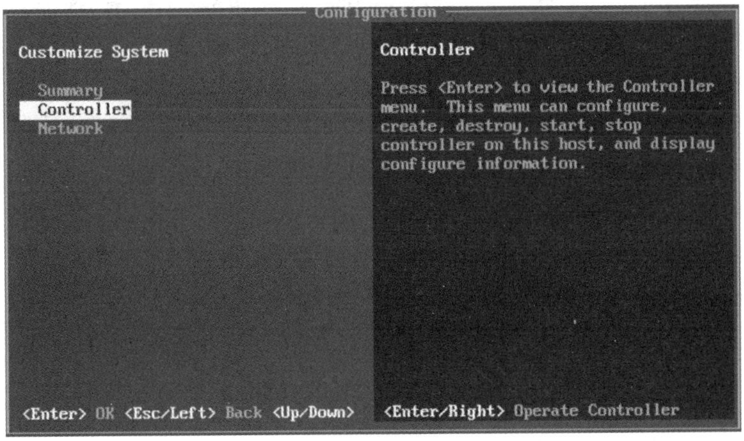

图 2.36　配置虚拟机

① 设置用户名和密码。按 Enter 键，弹出 Login 对话框，设置物理主机的 Mimosa 操作系统 root 用户的密码，默认为 ossdbg1，如图 2.37 所示。

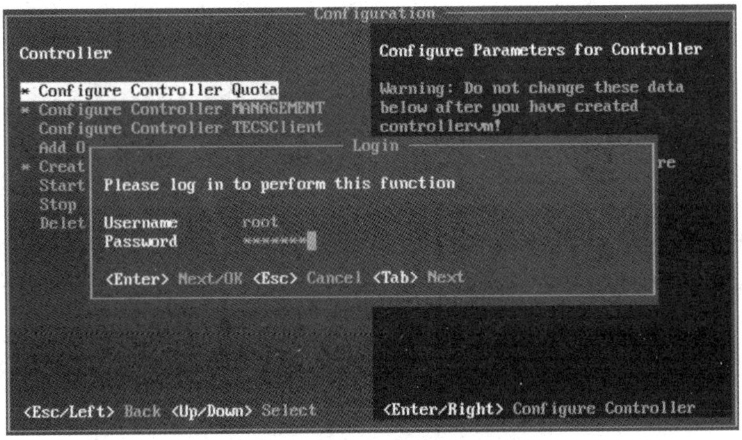

图 2.37　设置 root 用户名的密码

② 接 Enter 键后，进入虚拟机的内存设置界面。根据实际情况设置内存大小，内存配置要求如表 2.21 所示（表中的数据仅作为示例）。

表 2.21　内存配置要求

物理服务器规模	控制节点虚拟机的推荐配置/GB	控制节点虚拟机的最小配置/GB	Ceph/GB	宿主机/GB	总规模/GB
1～50 节点	128	64	16	32	176
51～100 节点	160	128	不建议合一	32	192
101～256 节点	192	128	不建议合一	32	224

配置虚拟机使用的内存，进入如图 2.38 所示的界面。

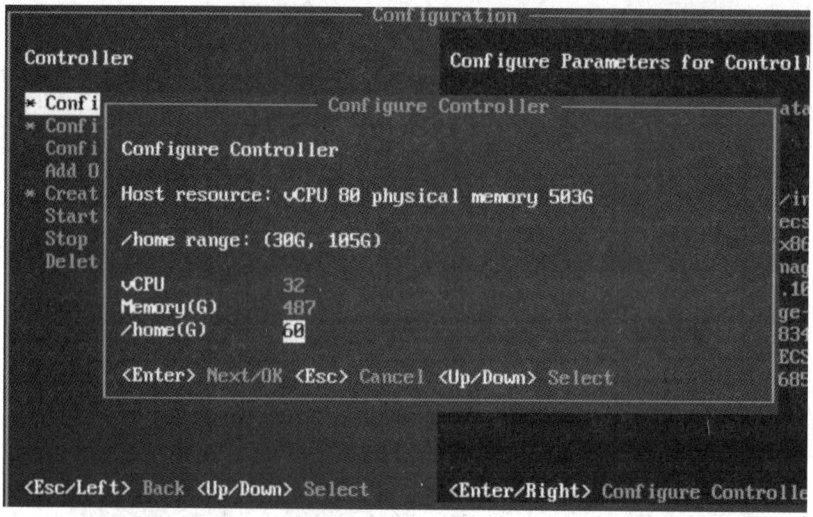

图 2.38　配置虚拟机使用的内存

③ 按 Enter 键，退回到 Controller 界面，按键盘上的方向键，将光标向下移动到 Conf igure Controller MANAGEMENT，进行虚拟机管理平面的配置，如图 2.39 所示。

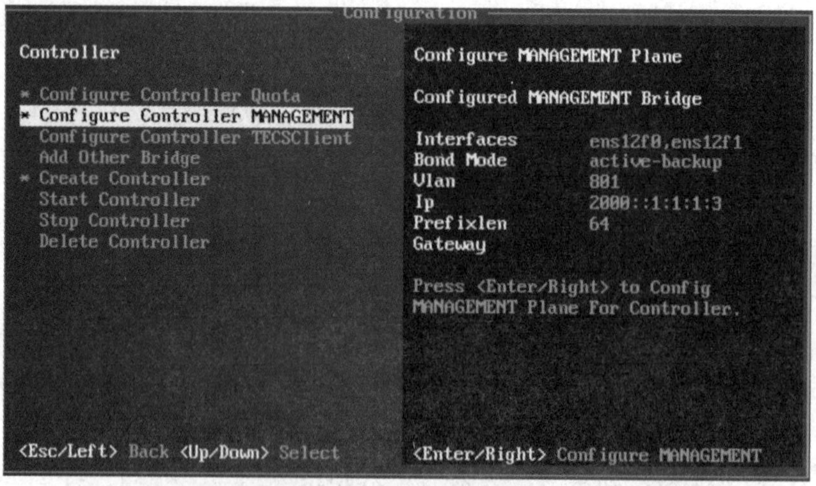

图 2.39　配置虚拟机管理平面

按 Enter 键，根据实际规划选择地址为 IPv4 或 IPv6。按 Enter 键，进入网络平面数据配置界面，如图 2.40 所示，包含 VLAN、IP 地址、IP 前缀、网关等配置。配置制节点虚拟机 Controller-VM-1 的 MANAGEMENT 网络平面的数据，将 VLAN 设置为 801，IP 地址设置为

2000::1:1:1:245。配置完成后按 Enter 键，弹出是否需要配置路由数据的提示对话框，按 Esc 键，不需要配置路由数据。

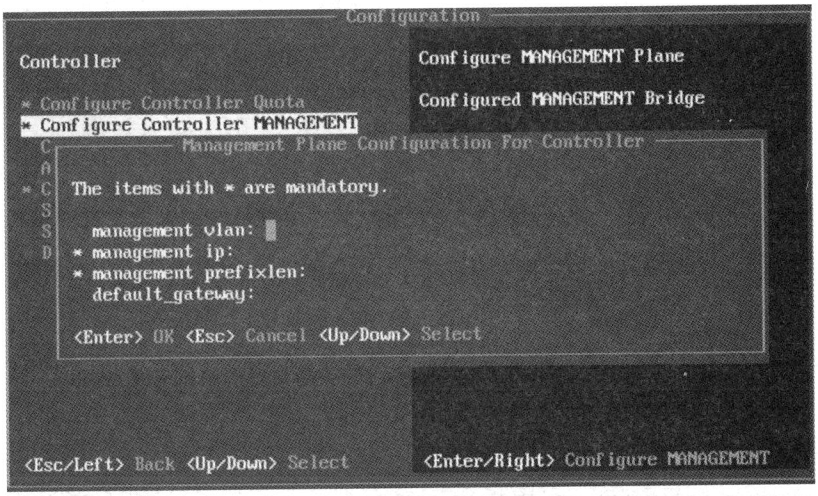

图 2.40　配置虚拟机网络平面数据

④ 按键盘上的方向键，将光标向下移动到 Conf igure Controller TECSClient，按 Enter 键，进行 TECSClient 网络平面的数据配置。选择 IPv4 后，进入网络平面数据配置界面，配置 TECSClient VLAN、IP 地址、前缀、默认网关数据。配置控制节点虚拟机 Controller-VM-1 的 TECSClient 网络平面的数据，将 VLAN 设置为 802，IP 地址设置为 172.31.200.10，网关设置为 172.31.200.1，然后按 Enter 键，确认 TECSClient 网络平面的数据配置成功，如图 2.41 所示。

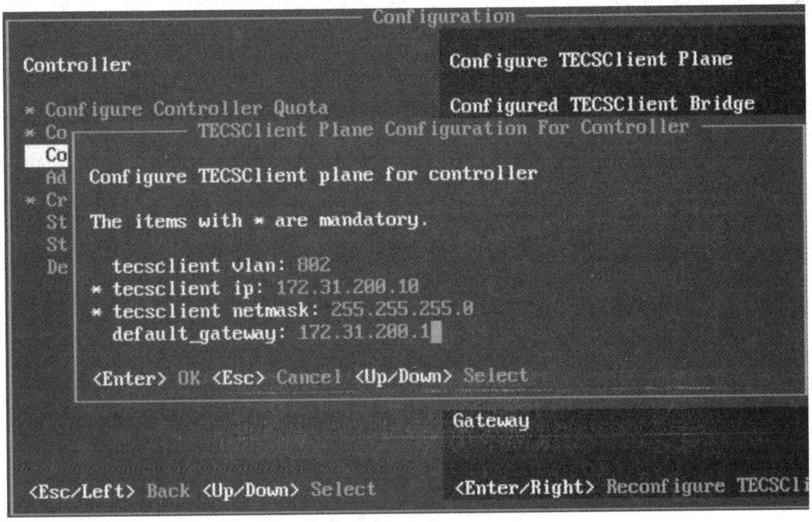

图 2.41　配置 TECSClient 网络平面数据

⑤ 虚拟机网桥配置。按键盘上的方向键，将光标向下移动到 Add Other Bridge，增加一个新的网桥，如图 2.42 所示。

如果组网规划为管理平面和存储平面合一部署，则此网桥规划用于单独的心跳平面。

如果组网规划为管理平面和存储平面分离部署，则此网桥规划用于存储平面与心跳平面合一。

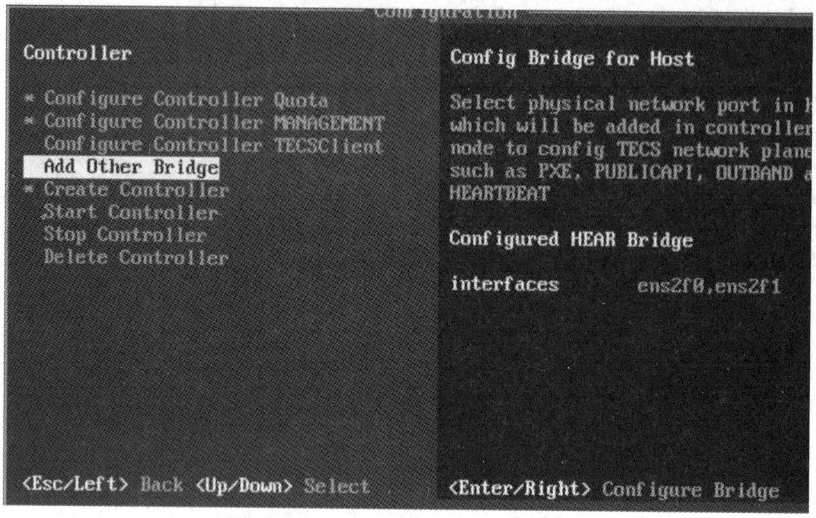

图 2.42　增加网桥 1

按键盘上的方向键，将光标向下移动到 Configure Controller，按 Enter 键，进入 Create Bridge 界面，按 Enter 键，创建一个新的网口，将其名称设置为 by-DY HEAR，如图 2.43 所示。

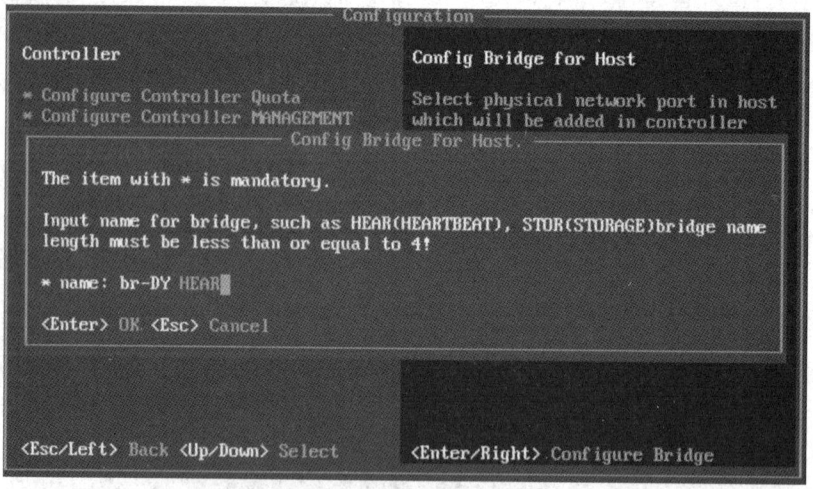

图 2.43　增加网桥 2

按 Enter 键，弹出配置网络数据对话框，建议所有的数据都保持默认值，分别选择需要绑定为 by-DY HEAR 接口的网卡 ens4f0 和 ens4f1。按键盘上的方向键，将光标移动到网卡 ens4f0，按 Enter 键，网卡 ens4f0 显示为 selected，表示网卡 ens4f0 已经选中；将光标向下移动到 ens4f1，按 Enter 键，表示网卡 ens4f1 和 ens4f0 都已经被选中，并已经绑定网口，按 Enter 键，确认网桥已经创建成功。

⑥ 创建控制节点虚拟机。按键盘上的方向键，将光标向下移动到 Create Controller，按 Enter 键，出现提示信息，确认是否要开始创建控制节点虚拟机，按 Y 键，系统弹出开始启动控制节点虚拟机提示对话框。启动控制节点虚拟机成功后，结果如图 2.44 所示。

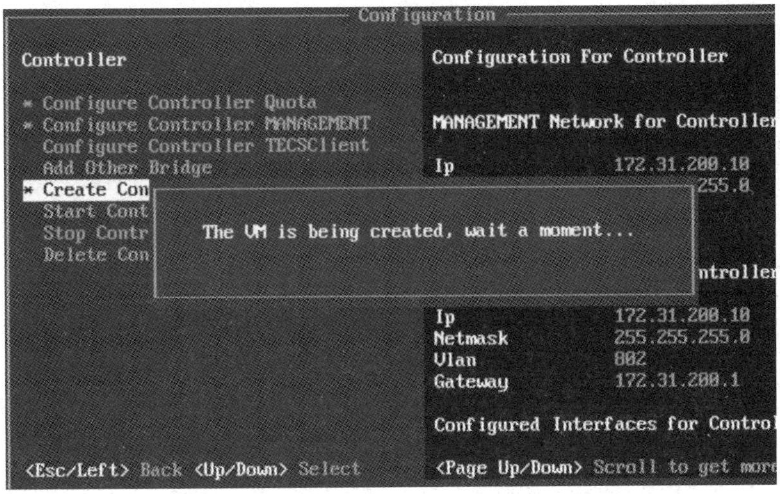

图 2.44　启动控制节点虚拟机

至此，步骤结束。

使用 SSH（Secure Shell，安全外壳）方式登录控制节点，执行命令 docker-manageps，查看 Provider 容器和 Daisy 容器的状态，如果 STATUS 显示为 Up，则表示正常。

```
docker - manageps
CONTAINERIDIMAGECOMMANDCREATEDSTATUSPORTSNAMES
f3bb6edae19eprovider:V5.16.15.18"/usr/bin/supervis..."3hoursagoUp1minprovider
23527a434af3daisy:daisy - 2016.3.15 - 3.0.11343"/usr/bin/supervis..."4hoursagoUp2mindaisy
```

5. 配置其他控制节点的宿主机

配置其他两个控制节点宿主机与第一个控制节点虚拟机的操作相同，需要配置的网络数据参见 2.2.4 节“网络平面 IP 地址规划”部分内容。

习题 6

1. 通用数据规划主要包含（　　）。

   A. 部署方式　　B. 部署方式规划原则

   C. 主机名称规划原则　　D. 存储空间规划

2. 控制节点虚拟机支持的 VLAN 平面包含（　　）。

   A. OUTBAND 平面　　B. TECSClient 平面

   C. PXE 平面　　D. PUBLIC 平面

3. 简单描述服务器操作系统 ISO 镜像挂载的流程。

项目3

云管理平台的安装

扫一扫看云管理平台安装教学课件

项目概述

前面已经在基础设施层（硬件）上完成了操作系统的安装，接下来我们需要完成云操作系统的安装，这是将硬件池化、核心网架构云化的关键。

本项目介绍安装云操作系统 OpenStack 的方法，这里以中兴 TECS OpenStack 为例进行介绍（其安装过程和普通开源版本不同）。在 NFV 架构中，云操作系统起着至关重要的“承上启下”的作用。TECS 实际就是 NFVI（Network Function Virtualization Infrastructure，网络功能虚拟化基础设施）+VIM。

学习目标

（1）能够描述云操作系统的作用；

（2）能够描述 TECS OpenStack 在 NFV 架构中的作用；

（3）掌握 5G 核心网云管理系统的安装方法；

（4）掌握 5G 核心网云管理系统的配置方法。

在介绍云管理平台安装知识之前有必要介绍一下云计算的概念。其在维基百科中的定义如下：云计算（Cloud Computing）是一种基于互联网的计算方式，通过这种方式，共享的软硬件资源和信息可以按需求提供给计算机和其他设备。

而在《云计算：概念、技术与架构》中引用美国国家标准与技术研究院修订版的云计算定义：云计算是一种模型，可以实现随时随地、便捷地、按需地从可配置计算资源共享池中获取所需的资源（如网络、服务器、存储、应用程序及服务），资源可以快速供给和释放，使管理的工作量和服务提供者的介入降低至最少。

总结一下，云计算实际上应该具有以下几个特征：①按需自助，客户（在云计算服务中一般被称为租户）可以根据自己的需求，租用服务使用相关资源；②广泛的网络接入，只要有网络，就可以借助各式终端设备来连接访问云资源；③共享资源池，将准备好的设备被放入一个“大池子”中，可以被许多人共享使用，就像一块大蛋糕，每个人都能分到完整的一块儿；④快速弹性伸缩，根据个人的使用情况，资源不够时服务商可以快速地扩充资源，资源闲置时可以划分给其他人；⑤服务可计量，云服务商可以把资源的配额、使用时间、流量作为计量单位，因为提供资源的服务商也要收取租金。

云计算按照服务模式可以分为IaaS（Infrastructure as a Service，基础设施即服务）、PaaS（Platform as a Service，平台即服务）、SaaS（Software as a Service，软件即服务），如图3.1所示。

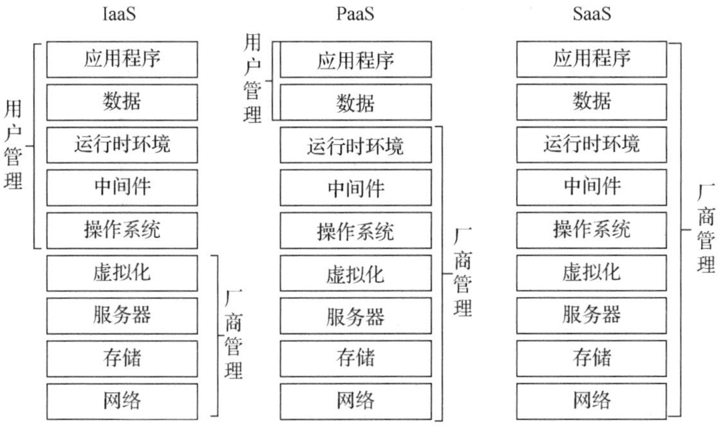

图3.1　云计算的服务模式

对于租户来说，可只从云供应商购买硬件。此时租户登录云端后看到的是服务器主机及交换机等网络设备的硬件资源（虚拟的），租户在这个基础上对硬件进行配置并安装操作系统和应用软件，实现自己所需要的功能。这种云供应商只提供硬件资源的服务模式被称为IaaS。

更近一步，云供应商解决操作系统（软件运行环境）层面的工作，租户登录云端之后对操作系统（应用软件环境）进行简单的配置后，直接安装自己所需的应用软件。这种提供硬件及软件运行平台的服务模式被称为PaaS。

假设一个企业租户想给自己的100名员工提供E-mail邮箱，企业购买云服务。企业租户根据云供应商提供的网址，在登录后配置E-mail地址、邮箱大小等信息，将E-mail账户分发给员工，员工就可以使用E-mail服务了。这种应用软件也由云供应商提供的服务模式被称为

SaaS。

下面再举个例子帮助理解。假如我们都是游戏爱好者，要玩一款大型游戏，它对单机硬件的要求非常高，如果买一台机器专门玩游戏太贵了，而且过两年又淘汰了，那我们可以选择云计算服务，根据需求租用一个硬件平台，这样算下来每年租金可能还更划算，并且还能实时更新硬件，这就是 IaaS。有了硬件，还没有操作系统，云服务商又很贴心地帮我们装上操作系统和玩游戏需要的各种插件，现在只要我们把游戏下载并安装上去就行了，这就是 PaaS。如果后来游戏下载太慢了，或者有新游戏，我们直接要求云服务商将游戏装好，就像去网吧直接上机一样，这就是 SaaS。

下面介绍操作系统，按照维基百科的解释，操作系统是管理计算机硬件和软件资源，为计算机程序提供通用服务的系统软件。操作系统通过硬件驱动和库文件对硬件进行抽象，屏蔽硬件的差异，为软件提供标准的接口和服务，使应用软件能够运行在一个稳定的平台上。操作系统对硬件的抽象，使应用程序开发人员可以专注软件功能，而不必关心硬件差异。操作系统同时提供丰富的输入和输出，以及系统软硬件状态的监控功能。

我们熟知的云操作系统是 OpenStack，它在 NFV 架构中的位置如图 3.2 所示。它作为一款开源产品，任何开发组织和人员都可以免费使用并新增功能。随着版本的演进，加入 OpenStack 中的组件（又称服务）越来越多，理解 OpenStack 的关键是理解其核心组件。对于一个操作系统来说，管理计算、存储、网络的组件是其核心组件。另外，负责权限管理、操作界面等的组件也是 OpenStack 的核心组件。关于具体组件功能这里就不赘述了。

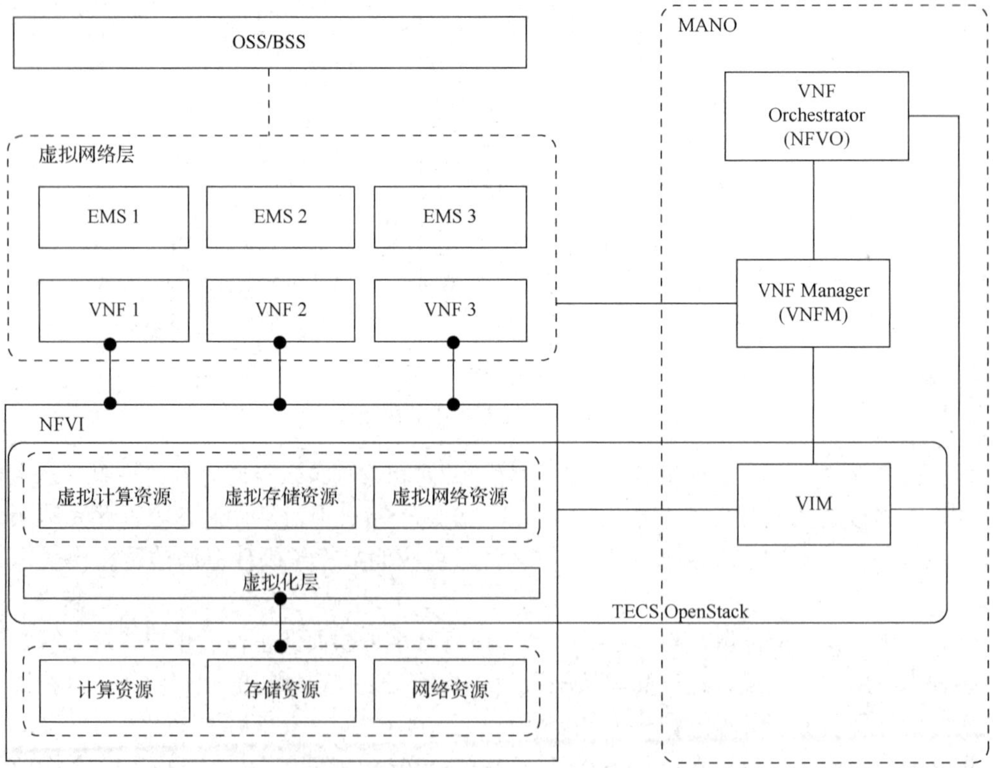

图 3.2　TECS OpenStack 在 NFV 架构中的位置

任务 3.1　安装云管理平台系统

3.1.1　任务描述

通过本任务的学习，完成创建安装任务、为主机分配角色、配置 MANAGEMENT 网络平面、配置物理网口、配置主机信息、安装云管理平台软件 6 个步骤，完成各主机上弹性云管理系统的安装。

3.1.2　任务目标

（1）掌握安装任务的创建方法；
（2）完成角色分配、管理平面配置、物理网口配置和主机信息配置的工作；
（3）完成软件的安装。

3.1.3　知识准备

TECS OpenStack 产品基于 OpenStack 平台开发，其软件主要由统一 API、执行域服务和操作域服务组成，软件结构如图 3.3 所示。

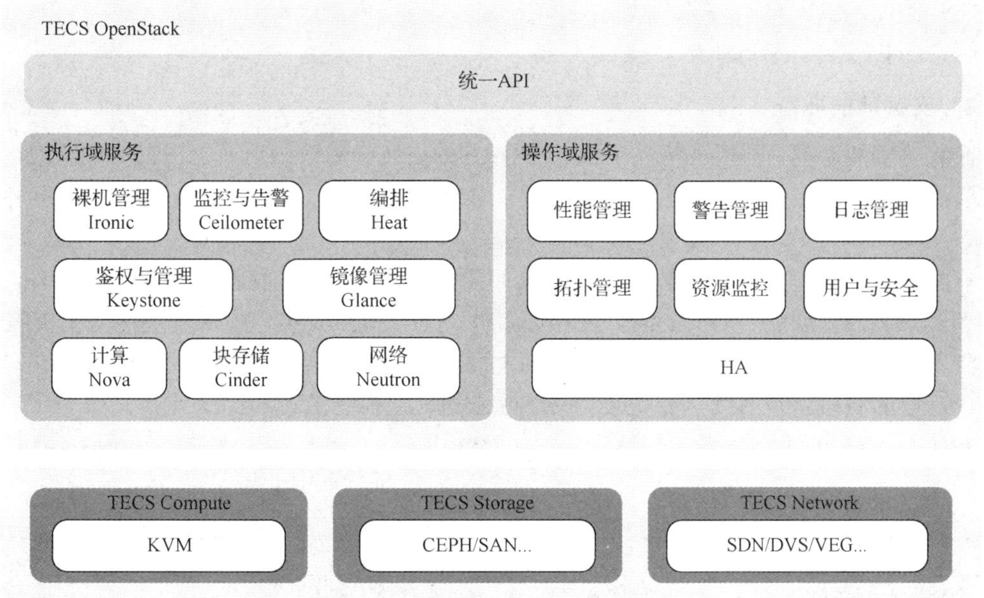

图 3.3　软件结构

图 3.3 中，TECS Compute、TECS Storage、TECS Network 与底层的硬件设备（ZTE 硬件设备及第三方硬件设备）共同组成 NFV 框架中的 NFVI 部分。

统一 API 对外提供原生的标准 OpenStack 接口及增强功能的 Restful 接口，实现与云管理平台或上层应用的对接。

执行域主要由 OpenStack 的原生组件构成，提供 OpenStack 的基本功能。同时，为了增加 OpenStack 的易用性和使用场景，在部分原生组件模块中进行了增强，提供了虚拟机和物理机统一部署、在线调整虚拟机规格、存储热迁移等一系列功能。

3.1.4 任务实施

部署前的软件配置表如表 3.1 所示。

表 3.1 软件配置

软件类型	压缩包名称	用途
VIM	TECS OpenStack	TECS OpenStack 是中兴通讯基于 OpenStack 开源标准接口研发的一款云平台管理软件
分布式虚拟交换机	DVS	DVS 即分布式虚拟交换机，可以将 DVS 理解为 OVS 和 dpdk 两者的集成。OVS 即开放式虚拟交换机。dpdk 是一组网卡加速套件，可以将网卡从内核态驱动托管到用户态，dpdk 实现了 OVS 的 datapath 模块功能，可以实现数据报文的快速交换
JDK	TECS 版本号_JDK_VERSIONS.zip	JDK 安装独立包，在全新安装和升级时都需要使用，需要按照文档要求事先上传到指定目录

登录客户端软件，其配置要求如下。

（1）操作系统：Windows 操作系统（7.0 及以上）。

（2）浏览器：Google Chrome（62 及以上）。

（3）插件：JRE（JRE 8 及以上）。

（4）FTP/SFTP：WinSCP。

1. 安装前的准备

在软件安装之前，需要理解几个概念。TECS OpenStack 由一系列的逻辑节点组成，包括控制节点、存储节点、计算节点和网络节点，各节点上运行了 TECS OpenStack 的多种服务组件。

前面我们已经在主机上安装好了底层操作系统 Mimosa，下面就要分别在控制节点和计算节点上安装云管理软件 OpenStack 及相关组件。为了高效安装，如何发现这些主机呢？

将主机接入 Daisy 进行管理的过程称为发现主机，可以通过 SSH 和 PXE 两种方式发现主机。这里的主机就是后续需要安装 OpenStack 的其他控制节点和计算节点。

SSH 与 PXE 的对比如表 3.2 所示。

表 3.2 SSH 与 PXE 的对比

方式	说明	适用范围
SSH	SSH 是一个网络安全协议，通过对网络数据进行加密，从而提高数据传输的安全性，其标准协议的端口号为 22 号。支持 RSA 认证，对数据进行 DES、3DES、AES 等加密，防止密码被窃听，保证用户数据完整、可靠、安全传输	此种方式适用于 Mimosa 操作系统已经安装配置成功的主机
PXE	PXE 是由英特尔公司主导开发的一种技术，工作在客户端/服务器的网络模式，客户端通过网络从服务器中下载开机映像文件，并通过网络的方式在本地安装并启动操作系统	此种方式适用于需要全新安装 Mimosa 操作系统和 TECS OpenStack 的主机

地址参考项目 2 任务 2.2 中的“网络平面 IP 地址规划”的内容。以 PXE 方式发现主机（计算节点）的步骤如下。

（1）在 TECS OpenStack 客户端（这里是默认主控节点上的，已经安装过 OpenStack）切换到系统管理界面，在左侧的导航栏中选择“云部署”→“主机”选项，进入主机配置界面。

（2）选择所有需要发现的作为计算节点的主机，“获取硬件详细信息”按钮变为可用状态。单击“获取硬件详细信息”按钮，系统自动弹出确认获取硬件详细信息的对话框。

（3）选中“PXE”单选按钮，单击“获取硬件详细信息”按钮，系统开始通过 PXE 方式发现所有的计算节点，发现状态为等待中，表示主机正处在发现过程中。

（4）在主机列表中，选择需要修改名称的主机，在“操作”下拉列表中选择“修改主机名”选项。系统弹出修改主机名对话框，完成对应修改即可。

2. 创建安装任务

打开 Chrome 浏览器，在地址栏中输入前面安装操作系统设置好的地址，进入登录界面，默认的用户名为 SysAdmin，对应的默认密码为 SysAdmin1234（根据实际需要进行设置即可），如图 3.4 所示。

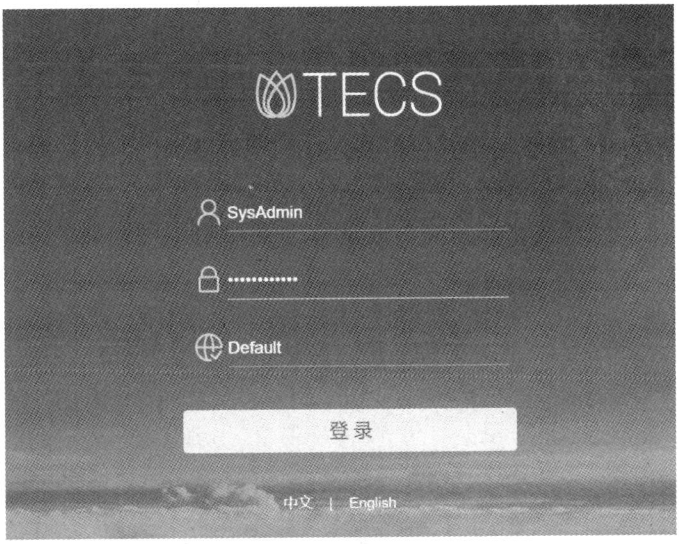

图 3.4　操作系统登录界面

（1）打开 daisy（daisy 的操作、管理、维护工具，对外提供图形化操作界面）组件，在 Daisy 客户端，切换到系统管理界面，如图 3.5 所示，进入集群配置全页面。

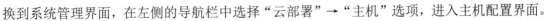

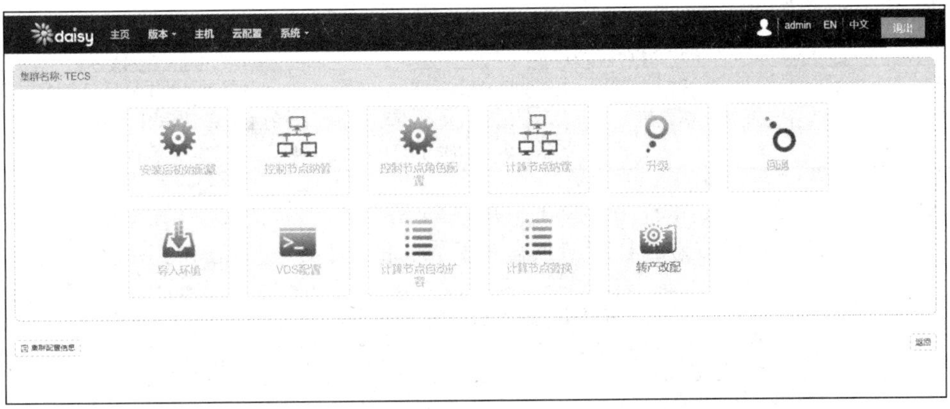

图 3.5　daisy 客户端主页

（2）单击“安装后初始配置”按钮，弹出“创建任务-安装后初始配置”对话框，如图 3.6 所示。

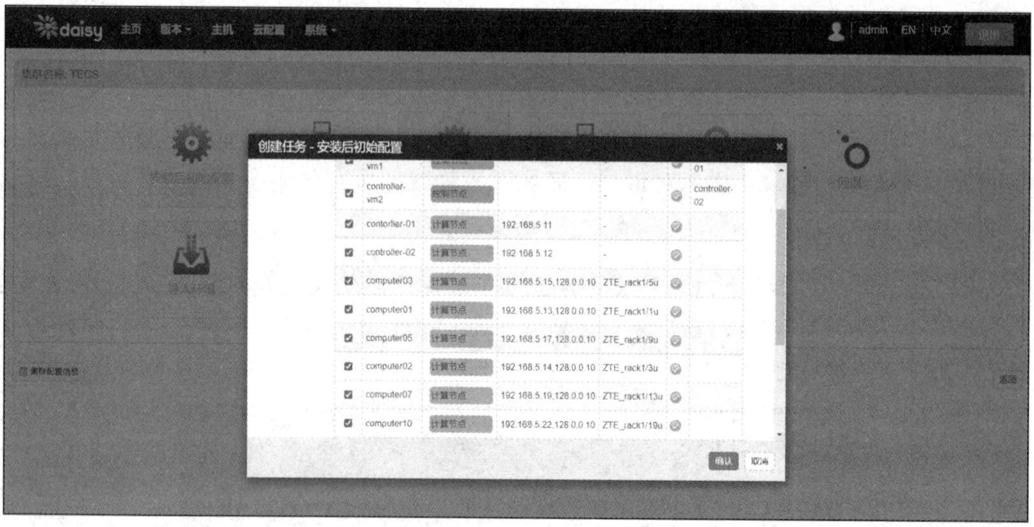

图 3.6　“创建任务-安装后初始配置”对话框

（3）在主机列表中选择所有的主机，单击“确认”按钮，进入分配角色界面。

3. 为主机分配角色

一个主机可以承载一种角色，也可以承载多个角色。各角色和 TECS OpenStack 组件的对应关系由 Daisy 默认进行关联。根据主机承载的角色不同，Daisy 为主机自动部署 TECS OpenStack 时，会为不同角色的主机安装对应的 TECS OpenStack 组件。Daisy 定义的主机角色有 3 种类型，如表 3.3 所示。

表 3.3　Daisy 定义的主机角色

角色名称	描述	备注
CONTROLLER_LB	应用于控制节点，表示控制节点的备份方式为 LB（Load Balancing，负荷分担）	CONTROLLER_LB 和 CONTROLLER_HA 为控制角色，是作为控制节点的主机必须选择的角色
CONTROLLER_HA	应用于控制节点，表示控制节点的备份方式为 HA（High Availability，高可用性）	
COMPUTER	应用于计算节点	COMPUTER 为计算角色，作为计算节点的主机只有 COMPUTER 这一种角色（作为控制节点的主机除了承载控制角色，同时可以承载 COMPUTER 角色，以具备计算节点的功能）

弹性云管理系统有如下 4 种场景及主机角色部署。

（1）单个节点（控制节点和计算节点合一部署）的角色分配如表 3.4 所示。

表 3.4　单个节点的角色分配

节点	角色	说明
单一节点	CONTROLLER_LB+CONTROLLER_HA+COMPUTER	—

（2）2 个控制节点+N 个计算节点（控制节点和计算节点分离部署）的角色分配如表 3.5 所示。

表 3.5　2 个控制节点+N 个计算节点（控制节点和计算节点分离部署）的角色分配

节点	角色	说明
主用控制节点	CONTROLLER_LB+CONTROLLER_HA	两个节点所承载的控制角色需要保持一致
备用控制节点	CONTROLLER_LB+CONTROLLER_HA	
计算节点 1～N	COMPUTER	所有的计算节点均按此配置

（3）2 个控制节点+N 个计算节点（控制节点和计算节点合一部署）的角色分配如表 3.6 所示。

表 3.6　2 个控制节点+N 个计算节点（控制节点和计算节点合一部署）的角色分配

节点	角色	说明
主用控制节点	CONTROLLER_LB+CONTROLLER_HA+COMPUTER	两个节点所承载的控制角色需要保持一致，或者两个节点可以都承载计算角色，也可以只需要主用控制节点承载计算角色
备用控制节点	CONTROLLER_LB+CONTROLLER_HA 或 CONTROLLER_LB+CONTROLLER_HA+COMPUTER	
计算节点 1～N	COMPUTER	所有的计算节点均按此配置

（4）1 个控制节点+N 个计算节点（控制节点和计算节点合一部署）的角色分配如表 3.7 所示。

表 3.7　1 个控制节点+N 个计算节点（控制节点和计算节点合一部署）的角色分配

节点	角色	说明
控制节点	CONTROLLER_LB+CONTROLLER_HA+COMPUTER	—
计算节点 1～N	COMPUTER	所有的计算节点均按此配置

为主机分配角色的步骤如下。

（1）创建安装任务后，单击“确认”按钮，进入分配角色界面。

（2）通过拖动的方式为每个主机分配角色，为控制节点分配角色为计算节点分配角色，如图 3.7 所示。

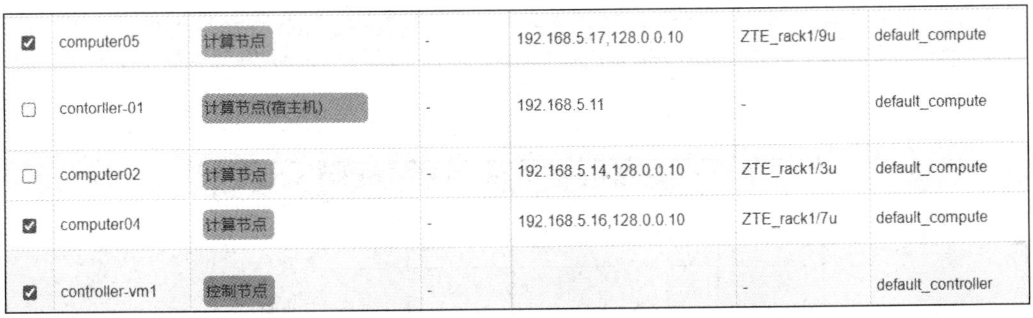
computer05
计算节点
192.168.5.17,128.0.0.10
ZTE_rack1/9u
default_compute
contorller-01
计算节点(宿主机)
192.168.5.11
default_compute
computer02
计算节点
192.168.5.14,128.0.0.10
ZTE_rack1/3u
default_compute
computer04
计算节点
192.168.5.16,128.0.0.10
ZTE_rack1/7u
default_compute
controller-vm1
控制节点
default_controller

图 3.7　为主机分配角色

4．配置 MANAGEMENT 网络平面

MANAGEMENT 网络平面，用于 TECS OpenStack 内部节点和组件之间的管理平面消息

通信。本节主要介绍如何配置 MANAGEMENT 网络平面的数据。具体步骤如下。

（1）在为主机分配角色成功后，单击“下一步”按钮，进入配置管理平面界面，如图 3.8 所示。

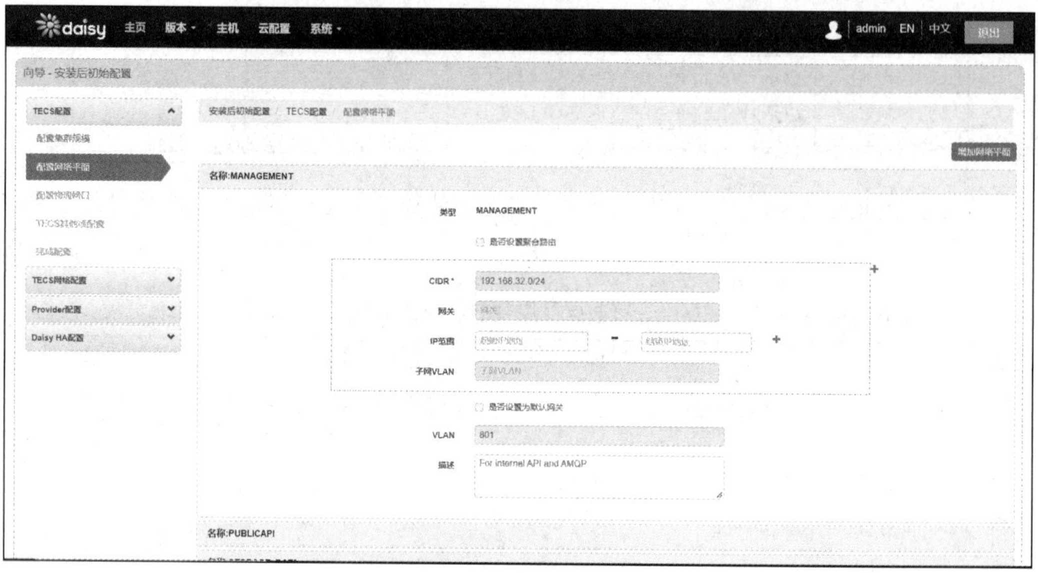

图 3.8　配置管理平面界面

（2）（可选）在三层组网环境中，如果设置了多个子网，且对外只使用一个 CIDR（Classless Inter Domain Routing，无类别域间路由选择）进行通信，则需要选择是否设置聚合路由。

（3）参数配置完成后，单击右下角的“下一步”按钮，系统自动保存数据并进入配置物理网口界面。

5．配置物理网口

配置主机的物理网口是指将主机的物理网卡（或绑定后的逻辑网卡）与网络平面数据一一对应。

下面以存储平面与管理平面合一的组网场景为例，每台主机使用 4 张物理网卡，分别为 eno1、eno2、ens44f0、ens44f1。其中，主用控制节点的 eno1、eno2 网卡在之前已经执行过绑定操作，此处无须操作，存储平面与管理平面合一场景下服务器交换板上的网卡规划数据如表 3.8 所示。本节主要以管理平面的物理网口绑定配置进行描述。

表 3.8　网卡规划数据

节点类型	通信平面类型	网卡名称	子接口	绑定类型
控制节点	管理平面和存储平面	eno1 eno2	bond0	Linux
	心跳平面	ens44f0 ens44f1	bond9	
计算节点	管理平面和存储平面	eno1 eno2	bond0	
	业务平面	ens44f0 ens44f1	bond1	DVS

本节介绍的主机在 2 个控制节点和 2～N 个计算节点的组网环境，存储平面与管理平面合一的场景下，后续围绕该环境进行网卡绑定配置。组网场景和网卡绑定根据实际情况有所不同，现实中主流的组网场景与网卡绑定步骤如表 3.9 所示。

表 3.9　现实中主流的组网场景与网卡绑定步骤

组网场景	步骤
存储平面与管理平面合一	1. 绑定主用控制节点的 bond9 接口。 2. 绑定备用控制节点的 bond0 接口和 bond9 接口。 3. 为备用控制节点的 bond0 接口映射 MANAGEMENT 网络平面数据。 4. 绑定所有计算节点的 bond0 接口数据。 5. 为所有计算节点的 bond0 接口映射 MANAGEMENT 网络平面数据
存储平面与管理平面分离（存储平面进行网卡绑定）	1. 绑定主用控制节点的 bond2 接口。 2. 绑定主用控制节点的 bond9 接口。 3. 绑定备用控制节点的 bond0 接口、bond2 接口和 bond9 接口。 4. 为备用控制节点的 bond0 接口映射 MANAGEMENT 网络平面数据。 5. 绑定所有计算节点的 bond0 接口数据。 6. 绑定所有计算节点的 bond2 接口数据。 7. 为所有计算节点的 bond0 接口映射 MANAGEMENT 网络平面数据
存储平面与管理平面分离（存储平面使用两个单独的网卡）	1. 绑定主用控制节点的 bond9 接口。 2. 绑定备用控制节点的 bond0 接口和 bond9 接口。 3. 为备用控制节点的 bond0 接口映射 MANAGEMENT 网络平面数据。 4. 绑定所有计算节点的 bond0 接口数据。 5. 为所有计算节点的 bond0 接口映射 MANAGEMENT 网络平面数据

配置物理网口的步骤如下。

（1）绑定控制节点的 bond0 接口。MANAGEMENT 网络平面数据配置成功后，单击“下一步”按钮，进入配置物理网口界面，如图 3.9 所示。

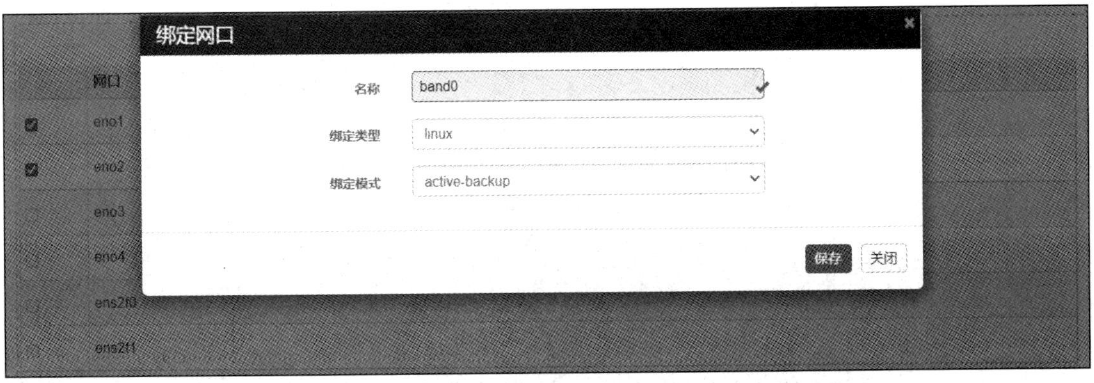

图 3.9　配置物理网口

（2）选择名称列中的主机名称，单击“配置物理网口”按钮，进入配置物理网口界面，可以看到备用控制节点的 eno1 网卡、eno2 网卡已经绑定为 bond0 接口，且已经自动映射了 MANAGEMENT 网络平面的 IP 地址，如图 3.10 所示。

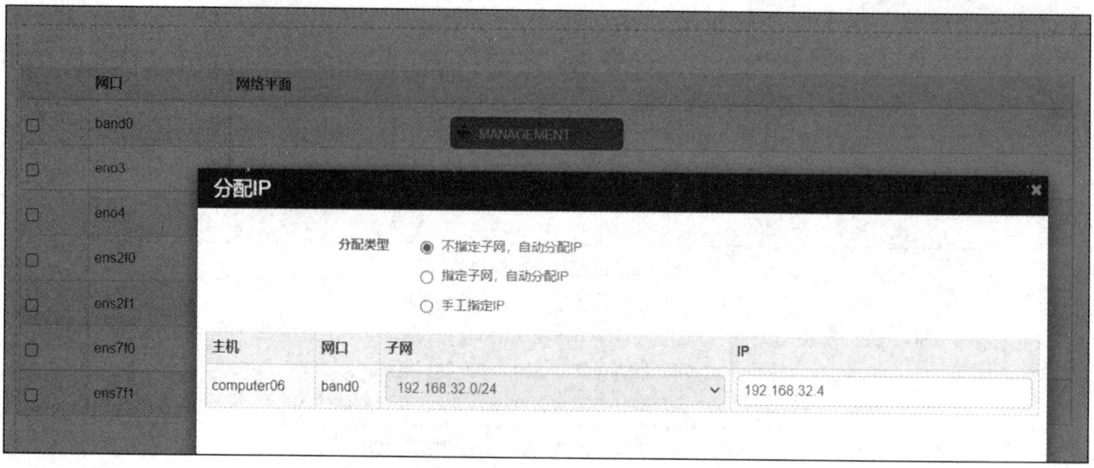

图 3.10　映射 MANAGEMENT 网络平面的 IP 地址

（3）选择需要绑定的两个网口 ens44f0 和 ens44f1，单击“绑定”按钮，弹出“绑定网口”对话框，然后单击“保存”按钮，备用控制节点的 bond9 接口绑定成功。

如果还有其他控制节点，按照第（2）步和第（3）步，根据表 3.8 的规划要求，依次对其他控制节点进行物理网口绑定。在配置网络平面界面右侧，单击“拖动分配网络平面”列表框中的 MANAGEMENT 图标，按住鼠标左键，将 MANAGEMENT 拖动到 bond0 网口对应的网络平面条目中，表示设置 MANAGEMENT 为其他控制节点的 bond0 网卡对应的网络平面，系统自动弹出“分配 IP”对话框，根据规划数据填写 IP 地址，然后单击“保存”按钮。

（4）绑定所有计算节点的 bond0 接口数据，在名称列中，取消选择控制节点，选择所有的计算节点，单击“配置物理网口”按钮，进入配置物理网口界面，操作步骤参考控制节点，完成所有计算节点的 bond0 接口的绑定配置。主机的物理网口数据配置成功后，单击“下一步”按钮，进入配置主机界面，如图 3.11 所示。

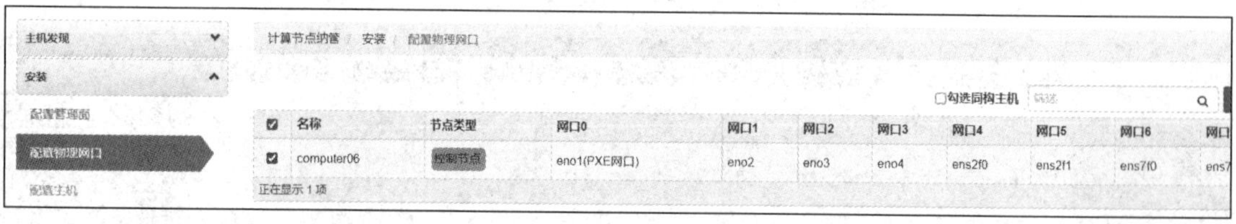

图 3.11　物理网口数据配置完成

6．配置主机信息

该操作用于设置各主机的主机信息，包括 Mimosa 操作系统和 TECS OpenStack 云平台管理系统的版本信息、系统盘类型和系统盘大小。前提是已经将 Mimosa 操作系统和 TECS OpenStack 云平台管理系统的安装版本文件上传到主用控制节点上。

配置主机信息的步骤如下。

（1）在主机的物理网口数据配置成功后，单击“下一步”按钮，进入配置主机界面。

如图 3.12 所示，在“TECS 版本文件”下拉列表中选择主机待安装的 TECS OpenStack 版本选项，单击“保存修改”按钮，主用控制节点的版本信息配置成功。

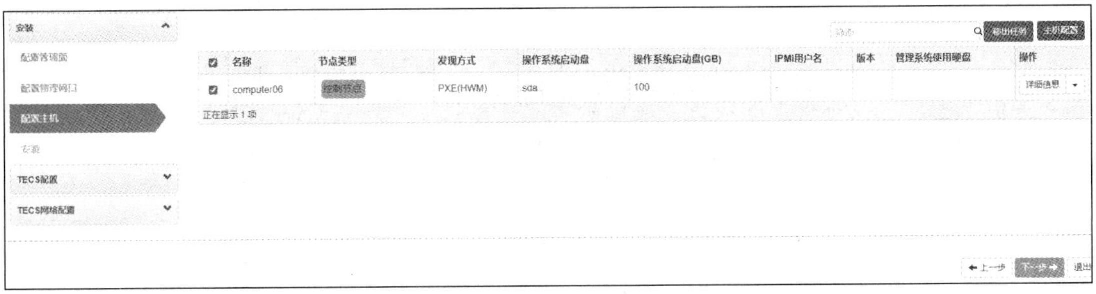

图 3.12 配置主机界面

（2）取消选择名称列中的主用控制节点，选择名称列中的备用控制节点，单击“主机配置”按钮。然后根据控制节点的版本需求，填写相关版本的信息参数，详细参数如表 3.10 所示。

表 3.10 详细参数

参数名称	设置说明
操作系统版本	该参数用于设置主机待安装的 Mimosa 操作系统版本。 单击下拉按钮，在弹出的下拉列表中选择通过“上传版本”操作中上传的 Mimosa 操作系统版本文件
TECS 版本文件	该参数用于设置主机待安装的 TECS OpenStack 云平台管理系统的版本。 单击下拉按钮，在弹出的下拉列表中选择通过“上传版本”操作中上传的 TECS OpenStack 版本文件
系统盘	该设置用于设置系统盘的名称，通常情况下，该参数值设置为 sda
系统盘大小	该设置用于设置系统盘的大小。 1．如果是计算节点，则该参数固定设置为 100GB。 2．如果是控制节点，则该参数固定设置为 250GB

备用控制节点的参数配置示例如表 3.10 所示，设置完参数后，单击“保存修改”按钮，备用控制节点的主机信息配置成功。

（3）取消选择名称列中的备用控制节点，选择名称列中所有的计算节点，根据表 3.10 中的参数说明设置完成相关参数，单击“保存修改”按钮，计算节点的主机信息配置成功后，结果如图 3.13 所示。

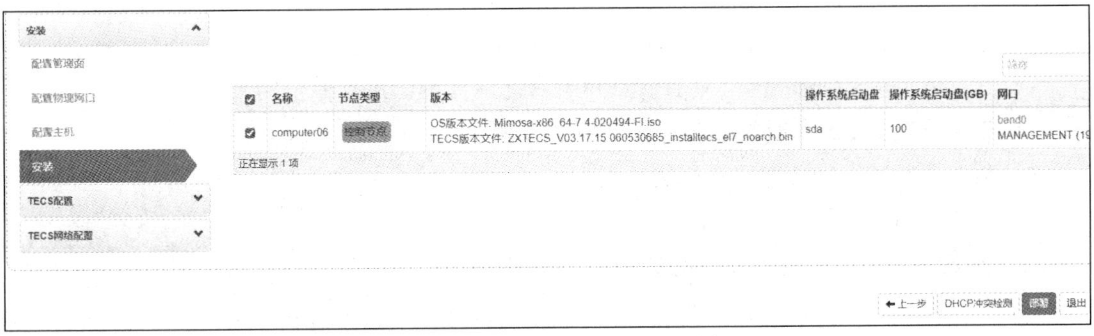

图 3.13 主机计算节点配置

7．安装云管理平台软件

前面介绍了任务创建、主机角色分配、MANAGEMENT 网络平面配置、物理网口配置和各主机信息配置及系统盘的设置，通过部署服务器自动为备用控制节点和所有的计算节点安装 Mimosa 操作系统，自动为所有的控制节点和计算节点安装 TECS OpenStack 版本软件。

安装步骤如下。

（1）配置完主机信息后，单击“下一步”按钮。

（2）在打开的主机配置界面中，单击“部署”按钮，系统开始为备用控制节点和所有的计算节点安装 Mimosa 操作系统，如图 3.14 所示。

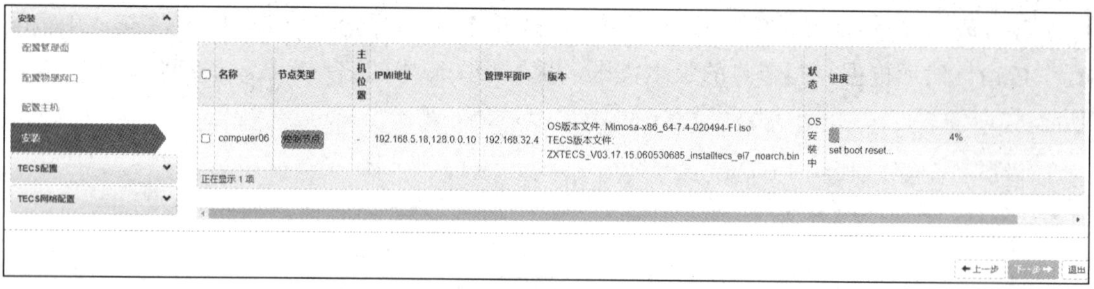

图 3.14　为主机的计算节点安装操作系统

Mimosa 操作系统安装成功后，系统自动为所有的节点安装 TECS OpenStack，所有主机上的 TECS OpenStack 安装成功（此过程较长）。

单击“完成”按钮，结束安装任务，系统自动返回客户端的主页。

习题 7

1．在本次云管理平台安装过程中，主机包括（　　）角色。

A．计算节点和控制节点

B．控制节点和网络节点

C．控制节点和存储节点

D．存储节点和计算节点

2．在下列选项中，正确描述了 MANAGEMENT 网络平面的作用的是（　　）。

A．为主机安装操作系统和 TECS 云管理平台的平面

B．是 TECS OpenStack 内部节点和组件之间管理面进行通信的平面

C．是 Provider 向对端设备提供 API 的屏幕

D．是对硬件设备进行管理的平面

3．简要概述物理网卡和逻辑网卡的关系。

4．在云管理平台安装过程中需要为主机安装哪些软件？

任务 3.2 配置云管理平台数据

扫一扫看本任务教学课件

3.2.1 任务描述

云管理平台系统安装后，需要进行云管理平台数据的配置。本任务重点介绍云管理平台系统数据的配置，包含云管理平台系统的基础数据配置、云管理平台系统的业务网络数据配置、Provider 数据配置、业务数据配置 4 部分内容。

3.2.2 任务目标

（1）完成云管理平台系统的基础数据配置；
（2）完成云管理平台系统的业务网络数据配置；
（3）完成 Provider 数据配置；
（4）完成业务数据设置。

3.2.3 任务实施

安装流程如图 3.15 所示。

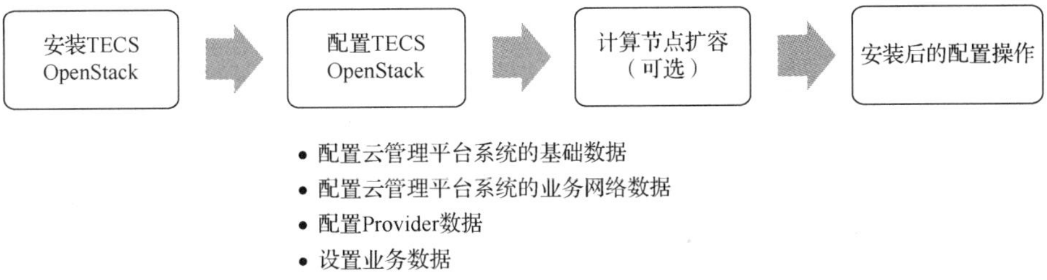

图 3.15 安装流程

1．云管理平台系统的基础数据配置

基础数据配置包含网络平面配置、物理网口配置（二层组网）、集群存储数据配置、TECS OpenStack 其他数据配置 4 部分。

在 daisy 客户端，单击 TECS 图标右下角的箭头，进入集群部署界面，如图 3.16 所示。

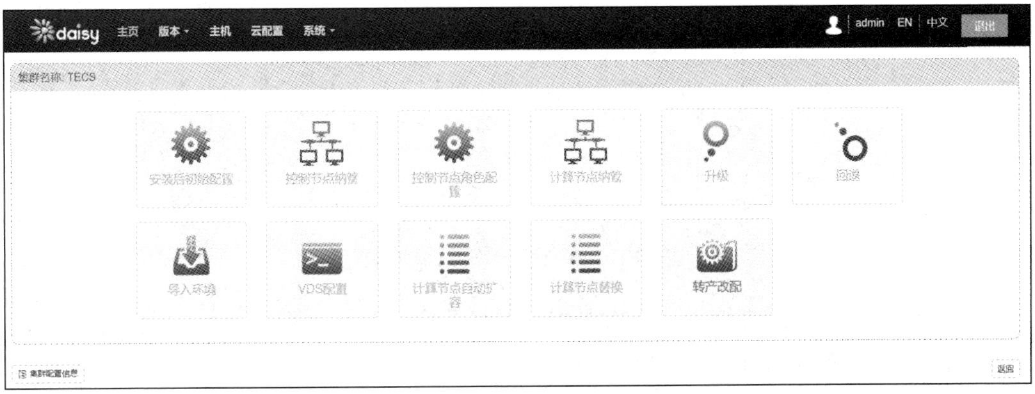

图 3.16 集群部署界面

1）网络平面配置

为了保证云网络的安全性，使用网络平面进行网络的隔离，TECS OpenStack 需要使用的网络平面类型如表 3.11 所示。

表 3.11　TECS OpenStack 需要使用的网络平面类型

网络平面名称	描述	配置说明
MANAGEMENT	此网络平面为 TECS OpenStack 的管理平面	此网络平面已经通过“配置 MANAGEMENT 网络平面”操作配置成功，本步骤无须配置
PUBLICAPI	TECS OpenStack 用于向对端设备提供 API 的网络平面	无须增加网络平面，使用默认的网络平面配置
STORAGE	TECS OpenStack 和磁阵通信的网络平面（如果运营商的实际环境不使用磁阵，则不需要配置此网络平面）	用于控制节点和磁阵通信的网络平面规划如下。 ① StorageData1 和 StorageData2：用于 TECS OpenStack 与磁阵存储数据通信的网络平面。 ② StorageMNT：用于 TECS OpenStack 与磁阵管理接口互相通信的网络平面
HEARTBEAT	TECS OpenStack 的控制节点部署为 HA 架构时的心跳平面	作为控制节点的主机需要配置此平面，计算节点无须配置。默认情况下，系统没有此网络平面，需要手动增加该类型的网络平面。 ① 不配置心跳平面时，系统默认使用 MANAGEMENT 网络平面作为心跳平面。 ② 配置心跳平面后，系统优先使用 HEARTBEAT 平面作为第一心跳平面，使用 MANAGEMENT 网络平面作为第二心跳平面

类似之前管理平面的配置，以下根据弹性云管理系统使用的网络平面并结合组网情况（R5300 G4 本地硬盘用于存储，无磁阵部署），依次进行配置。

网络平面配置步骤如下。

（1）在 daisy 客户端的主页中，单击“安装后初始配置”按钮，进入配置 PUBLICAPI 网络平面界面。PUBLICAPI 网络平面对应的主机的 IP 地址只需要配置主用和备用控制节点的 IP 地址，即可配置示例如图 3.17 所示。

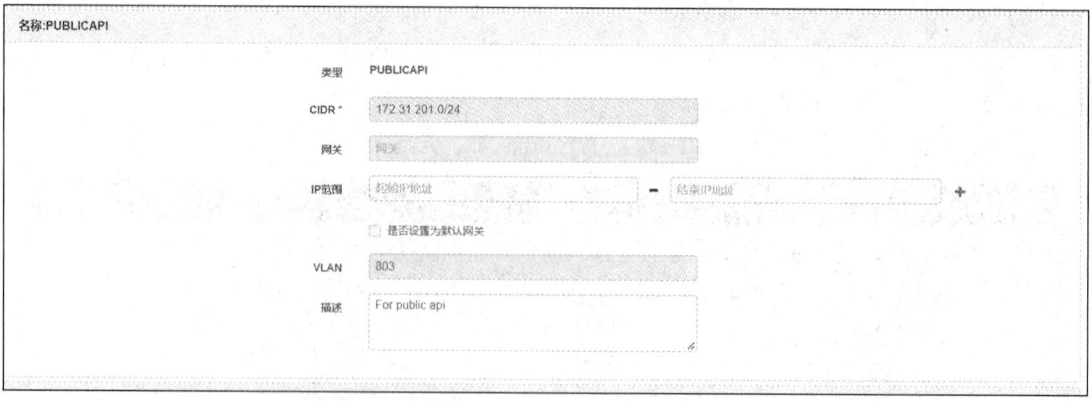

图 3.17　PUBLICAPI 网络平面的配置示例

（2）在配置网络平面界面中，单击“增加网络平面”按钮，根据规划配置 HEARTBEAT 网络平面的数据，配置示例如图 3.18 所示。

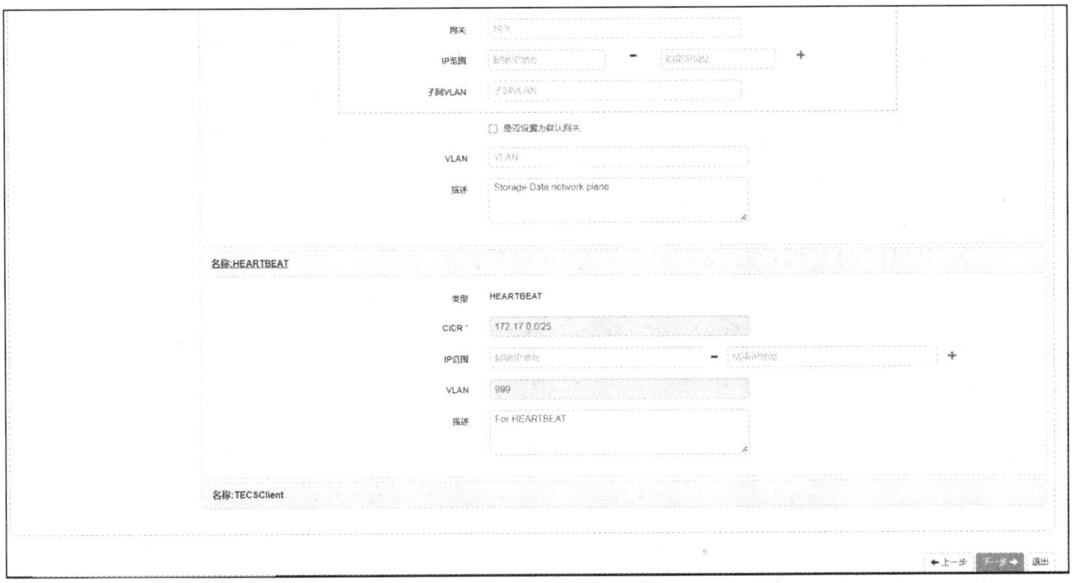

图 3.18　HEARTBEAT 网络平面的配置示例

待所需网络平面配置结束后，单击“保存”按钮，回到网络平面配置界面，配置结果如图 3.19 所示。

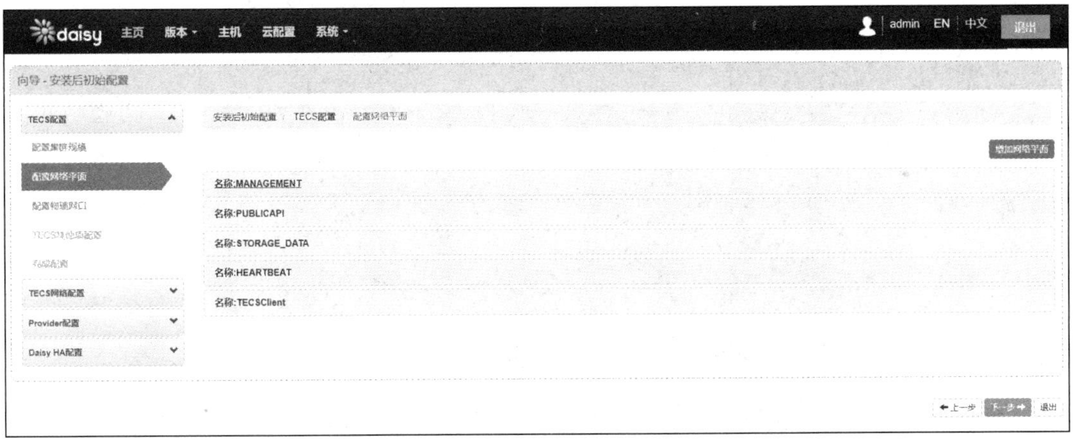

图 3.19　网络平面配置结果

2）物理网口配置

配置网络映射是指将主机的物理接口（或者绑定后的逻辑接口）与已经配置成功的网络平面数据一一对应。

对于存储平面与管理平面合一的组网场景，各主机的接口对应的网络平面如表 3.12 所示。

表 3.12　各主机的接口对应的网络平面

节点类型	接口	网络平面
计算节点	bond0	MANAGEMENT、StorageData1、StorageData2
控制节点	bond0	MANAGEMENT、PUBLICAPI、StorageData1、StorageData2、StorageMNT
	bond9	HEARTBEAT

（1）配置备用控制节点的网络平面映射数据。

在配置完网络平面数据后，单击“下一步”按钮，进入配置物理网口界面。

选择名称列中的备用控制节点，单击“配置物理网口”按钮，进入绑定网口界面。

在配置网络平面页面右侧，单击“拖动分配网络平面”列表框中的 HEARTBEAT 图标，按住鼠标左键，将其拖动到 bond9 网口对应的网络平面条目中，表示设置 HEARTBEAT 为备用控制节点的网口 bond9 对应的网络平面，系统自动弹出“分配 IP”对话框。

（2）使用同样的方式，根据表 3.8 中的规划数据，设置主用控制节点对应的所有的网络平面，包括 PUBLICAPI、StorageData1、StorageData2 和 StorageMNT。

① 将 PUBLICAPI 拖动到 bond0 网口对应的网络平面条目中，设置分配类型为“不指定子网，自动分配 IP”，并配置 IP 地址。

② 将 StorageData1 拖动到 bond0 网口对应的网络平面条目中，设置分配类型为“不指定子网，自动分配 IP”，并配置 IP 地址。

③ 将 StorageData2 拖动到 bond0 网口对应的网络平面条目中，并配置 IP 地址。

④ 将 StorageMNT 拖动到 bond0 网口对应的网络平面条目中，并配置 IP 地址。

单击“应用”按钮，配置数据生效，配置结果如图 3.20 所示。

图 3.20　配置结果

（3）配置计算节点的网络平面映射数据。

① 取消选择备用控制节点，选择所有的计算节点，单击“配置物理网口”按钮。

② 在打开的配置网络平面界面右侧，单击“拖动分配网络平面”列表框中的 StorageData1 图标，按住鼠标左键，将其拖动到 bond0 网口对应的网络平面条目中，表示设置 StorageDate1 为计算节点的 bond0 网口对应的网络平面。

系统自动弹出“分配 IP”对话框。设置分配类型为“不指定子网，自动分配 IP”，设置每个主机的的子网为 192.168.48.0/24，根据主机编号的顺序设置每个主机的 IP 地址，然后单击“保存”按钮。

③ 在配置网络平面界面右侧，单击“拖动分配网络平面”列表框中的 StorageData2 图标，按住鼠标左键，将其拖动到 bond0 网口对应的网络平面条目中，表示设置 StorageDate2 为计算节点的 bond0 网口对应的网络平面。

在弹出的“分配 IP”对话框中设置分配类型为“不指定子网，自动分配 IP”，设置每个主机的的子网为 192.168.64.0/24，根据主机编号的顺序设置每个主机的 IP 地址。

④ 单击“保存”按钮和“应用”按钮，计算节点的网络平面数据映射成功，如图 3.21 所示。

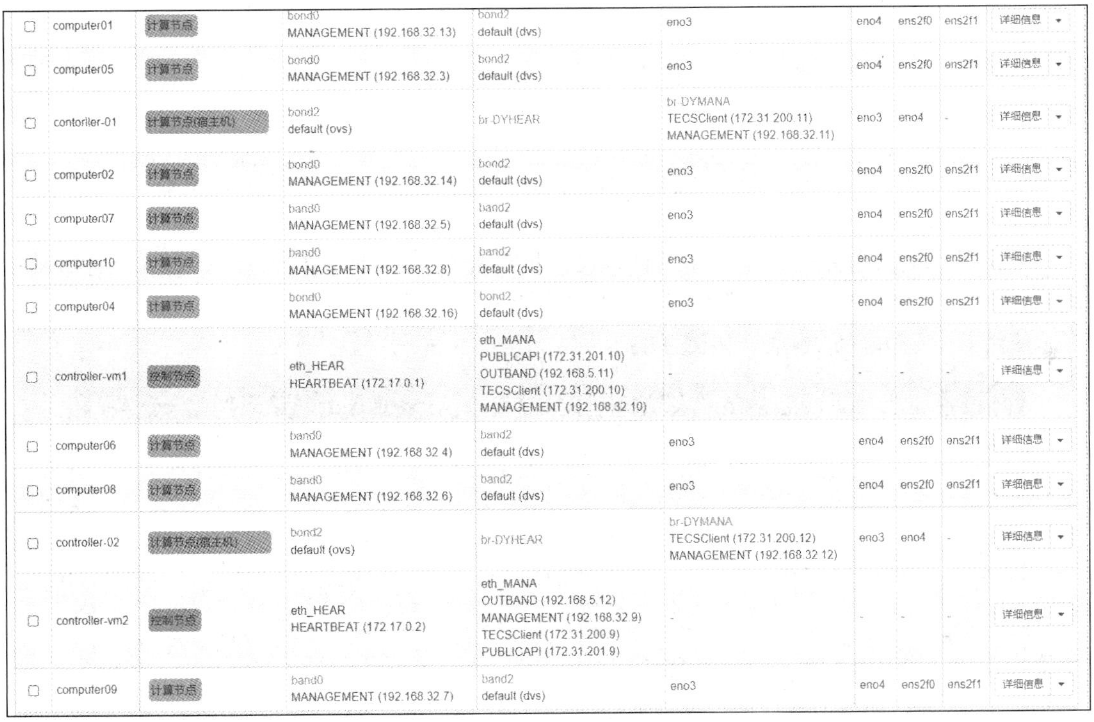

☐	computer01	计算节点	bond0 MANAGEMENT (192.168.32.13)	bond2 default (dvs)	eno3	eno4	ens2f0	ens2f1	详细信息 ▾
☐	computer05	计算节点	bond0 MANAGEMENT (192.168.32.3)	bond2 default (dvs)	eno3	eno4	ens2f0	ens2f1	详细信息 ▾
☐	contorller-01	计算节点(宿主机)	bond2 default (ovs)	br-DYHEAR	br-DYMANA TECSClient (172.31.200.11) MANAGEMENT (192.168.32.11)	eno3	eno4	-	详细信息 ▾
☐	computer02	计算节点	bond0 MANAGEMENT (192.168.32.14)	bond2 default (dvs)	eno3	eno4	ens2f0	ens2f1	详细信息 ▾
☐	computer07	计算节点	band0 MANAGEMENT (192.168.32.5)	band2 default (dvs)	eno3	eno4	ens2f0	ens2f1	详细信息 ▾
☐	computer10	计算节点	band0 MANAGEMENT (192.168.32.8)	band2 default (dvs)	eno3	eno4	ens2f0	ens2f1	详细信息 ▾
☐	computer04	计算节点	bond0 MANAGEMENT (192.168.32.16)	bond2 default (dvs)	eno3	eno4	ens2f0	ens2f1	详细信息 ▾
☐	controller-vm1	控制节点	eth_HEAR HEARTBEAT (172.17.0.1)	eth_MANA PUBLICAPI (172.31.201.10) OUTBAND (192.168.5.11) TECSClient (172.31.200.10) MANAGEMENT (192.168.32.10)	-	-	-	-	详细信息 ▾
☐	computer06	计算节点	band0 MANAGEMENT (192.168.32.4)	band2 default (dvs)	eno3	eno4	ens2f0	ens2f1	详细信息 ▾
☐	computer08	计算节点	band0 MANAGEMENT (192.168.32.6)	band2 default (dvs)	eno3	eno4	ens2f0	ens2f1	详细信息 ▾
☐	controller-02	计算节点(宿主机)	bond2 default (ovs)	br-DYHEAR	br-DYMANA TECSClient (172.31.200.12) MANAGEMENT (192.168.32.12)	eno3	eno4	-	详细信息 ▾
☐	controller-vm2	控制节点	eth_HEAR HEARTBEAT (172.17.0.2)	eth_MANA OUTBAND (192.168.5.12) MANAGEMENT (192.168.32.9) TECSClient (172.31.200.9) PUBLICAPI (172.31.201.9)	-	-	-	-	详细信息 ▾
☐	computer09	计算节点	band0 MANAGEMENT (192.168.32.7)	band2 default (dvs)	eno3	eno4	ens2f0	ens2f1	详细信息 ▾

图 3.21　计算节点的网络平面数据映射成功

3）集群存储数据配置

集群存储数据配置主要完成 TECS OpenStack 后端类型的组件存储空间及数据存储方式设置。后端类型的 TECS OpenStack 组件如表 3.13 所示。

表 3.13　后端类型的 TECS OpenStack 组件

组件名称	功能	设置限制
Glance	用于存储镜像文件	支持本地磁盘和共享磁阵两种方式
DB	用于存储数据库文件	
DB Backup	用于存储数据库备份文件	
Mongo DB	用于存储 ceilometer 组件统计的性能数据，该组件应用于告警、性能统计、数据采集等功能	

集群存储数据配置的步骤如下。

（1）配置控制节点的集群存储数据。在物理网口配置完成后，单击“下一步”按钮，进入配置集群存储界面，选择所有的控制节点，单击“配置”按钮，进入如图 3.22 所示的界面。

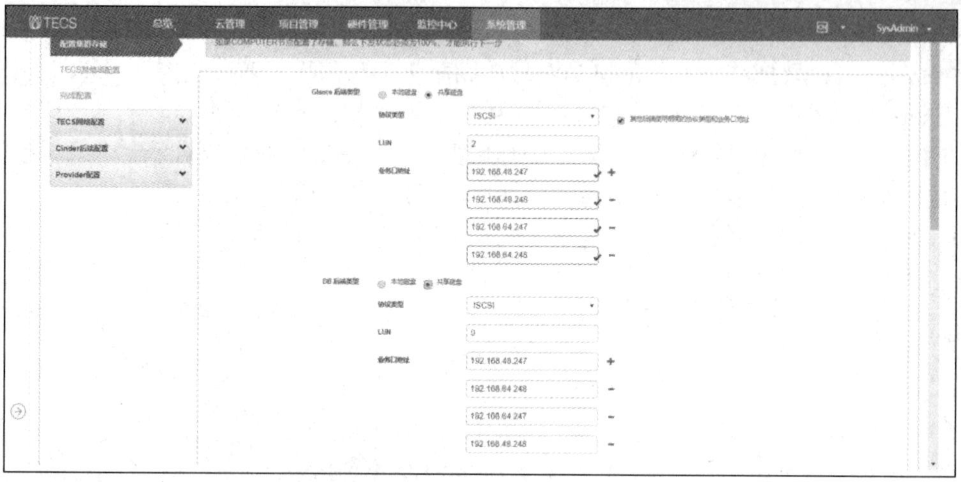

图 3.22　配置集群存储界面

下面以主机共享磁盘方式存储组件数据，将主机设置为控制节点与计算节点分离部署，选择 Glance 后端类型、DB 后端类型、DBBackup 后端类型和 MongoDB 后端类型为共享磁盘，表示使用共享磁盘存储数据，如图 3.23 所示。

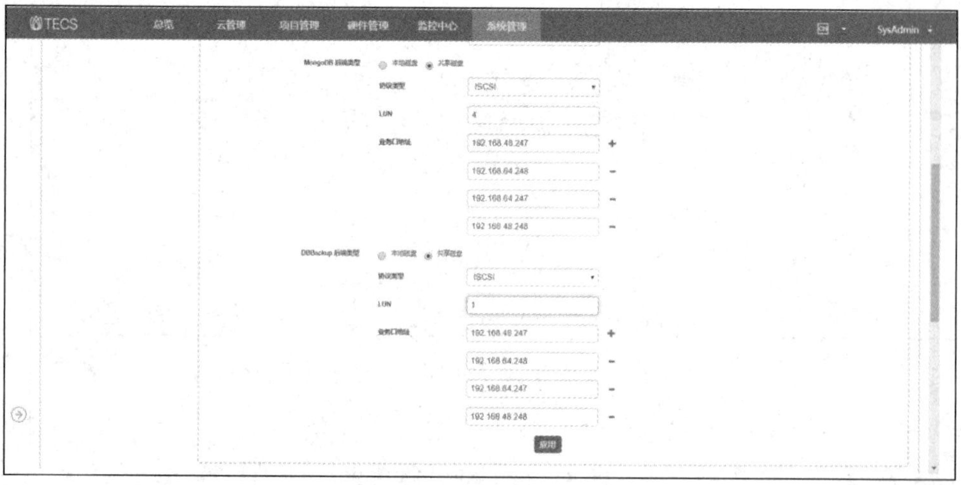

图 3.23　后端类型为共享磁盘（控制节点与计算节点分离部署）

以上后端类型参数（共享磁盘）的具体说明如表 3.14 所示。

表 3.14　后端类型参数的具体说明

参数名称		说明
Glance 后端类型	镜像盘大小（GB）	该参数表示 Glance 组件在作为控制节点的主机上所占用的本地硬盘大小。 建议最小设置为 50GB，否则后续安装 TECS OpenStack 时会失败；最大不要超过 100GB，否则不要使用本地磁盘方式，而使用共享磁盘方式
	将剩余硬盘空间全部分配给 Glance	如果选项此选项，则表示系统会将控制节点上剩余的空间全部分配给 Glance 组件使用，不需要再设置镜像盘大小（GB）参数，通常情况下，不选该选项

续表

参数名称		说明
DB 后端类型/DBBackup 后端类型/MongoDB 后端类型	镜像盘大小（GB）	该参数表示 DB/DBBackup/MongoDB 组件在作为控制节点的主机上所占用的本地硬盘大小。 ① 如果运营商的实际环境部署为正式的商用局，业务容量较大，该参数需要设置为一个具体的数值（需要根据规划进行设置，参见表 3.8 中的数据），表示 DB/DBBackup/MongoDB 后端类型会占用 Vg_data 的空间，需要事先确认 Vg_data 的空间是否满足要求，如果 Vg_data 的空间不够，则需要对 Vg_data 进行扩容。 ② 如果运营商的实际环境中业务容量较小（如部署为实验局或测试局），则建议设置为 0GB，表示 DB/DBBackup/MongoDB 后端类型会使用主机根分区的空间
	将剩余硬盘空间全部分配给 DB/DBBackup/MongoDB	如果选中此复选框，则表示系统会将控制节点上剩余的空间全部分配给 DB/DBBackup/MongoDB 组件使用，不需要再设置镜像盘大小（GB）参数，通常情况下，不选中该复选框
Nova 盘大小		在计算节点与控制节点合一部署的情况下，才会出现此选项

按照参数配置完成后，单击“应用”按钮，系统开始自动配置，配置成功后的结果，如图 3.24 所示。

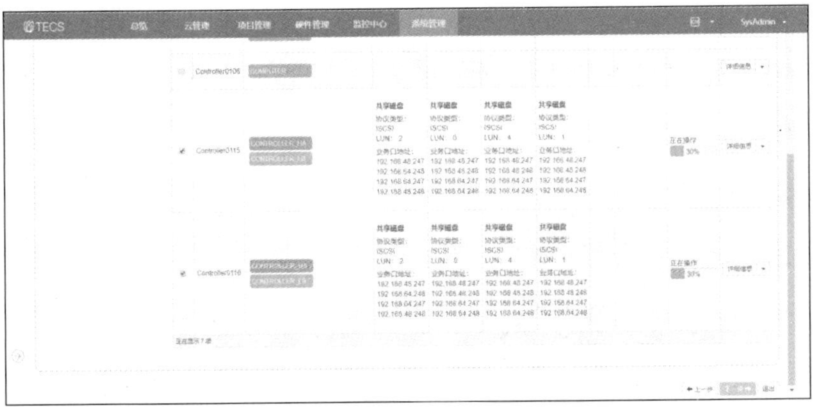

图 3.24　后端类型的配置结果

（2）配置计算节点的集群存储数据。取消选择所有的控制节点，选择所有的计算节点，单击“配置”按钮，选中“将剩余硬盘空间全部分配给 Nova”复选框，如图 3.25 所示。

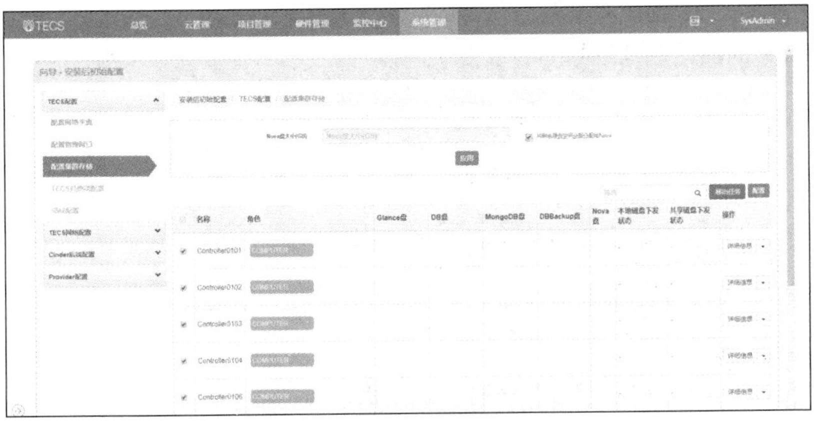

图 3.25　配置计算节点的存储数据

集群数据参数如表 3.15 所示。

表 3.15　集群数据参数

参数名称	说明
Nova 盘大小	该参数表示 Nova 组件在作为计算节点的主机上所占用的本地硬盘大小。 在作为计算节点的主机上，安装完 TECS OpenStack 之后，计算节点上会自动创建大小为本参数相应数值的 lv_nova 逻辑卷，此 lv_nova 逻辑卷在 TECS OpenStack 安装成功后，将自动挂载给 Nova 组件使用。 系统默认值为 0，表示不在计算节点上创建 lv_nova 逻辑卷
将剩余硬盘空间全部分配给 Nova	如果选中此复选框，则表示系统会将计算节点上剩余的空间全部分配给 Nova 组件使用，不需要再设置 Nova 盘大小参数。 建议选中“将剩余硬盘空间全部分配给 Nova”复选框

单击“应用”按钮，系统开始自动配置，配置成功后，结果如图 3.26 所示。

至此，计算节点的集群存储数据配置成功。

图 3.26　计算节点的集群存储数据配置成功

4）TECS OpenStack 其他数据配置

这里的其他数据指的是 TECS OpenStack 提供外部访问的浮动地址和可选组件的配置。TECS OpenStack 的浮动地址规划如表 3.16 所示。

表 3.16　浮动地址规划

网络平面名称	IP 地址	备注
TECSClient	172.31.200.8	TECSClient 网络平面的浮动 IP 地址
PUBLICAPI	172.31.201.8	PUBLICAPI 网络平面的浮动 IP 地址

具体配置步骤如下。

（1）配置浮动地址，配置后端存储数据成功后，单击“下一步”按钮，进入 TECS 其他项配置界面（计算节点和控制节点分离部署），如图 3.27 所示。

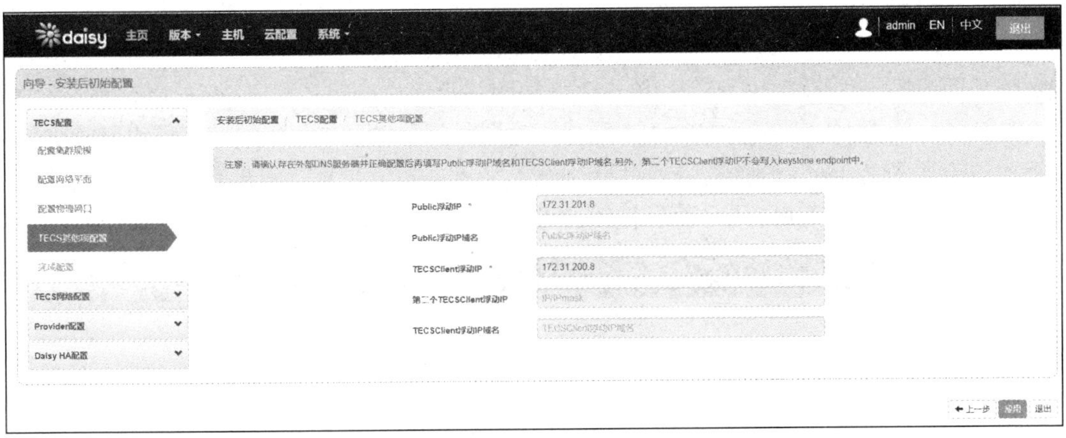

图 3.27 TECS 其他项配置界面

浮动 IP 地址配置参数说明如下。

① HA 角色浮动 IP：此参数需要设置为的控制节点的 TECSClient 网络平面浮动 IP 地址。

② Public 浮动 IP：该参数需要设置为 PUBLICAPI 网络平面浮动 IP 地址。

（2）根据规划数据配置完成后，单击“保存”按钮和“下一步”按钮，系统自动开始为每个主机配置 TECS OpenStack 基础数据。此步骤需要 10min 左右，配置成功后的结果如图 3.28 所示。

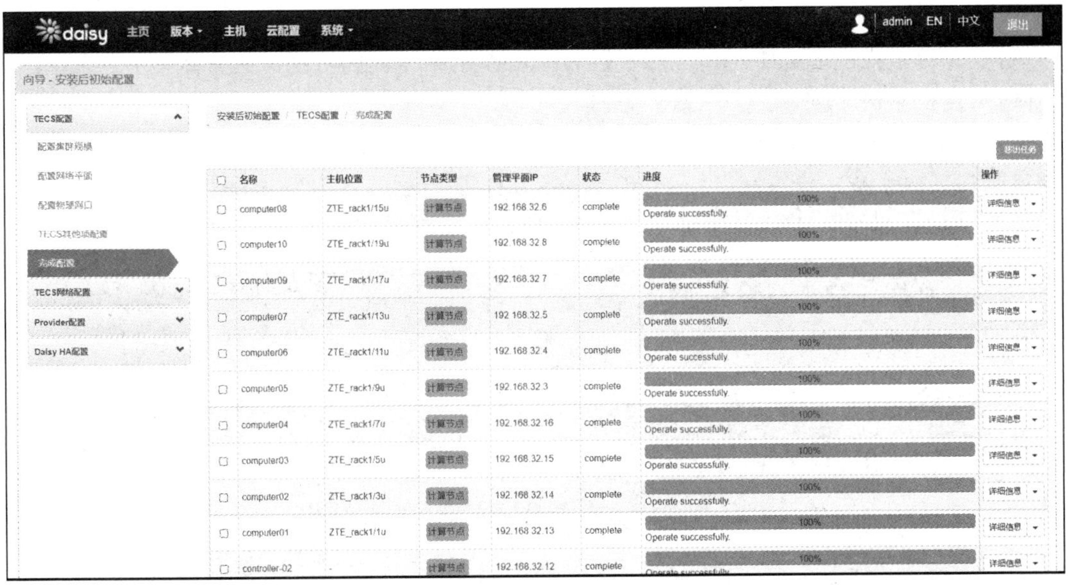

图 3.28 TECS OpenStack 基础数据配置完成

2. 云管理平台系统的业务网络数据配置

云管理平台系统的业务网络数据配置，包含业务网络平面配置、物理网口配置和 TECS OpenStack 的其他数据配置 3 部分。TECS OpenStack 支持的网络类型有 VLAN 和 VXLAN，对应 VLAN 网络还可以进一步分成多个物理网络（physnet1、physnet2 等），VLAN 下不同的物理网络需要独立划分 VLAN 范围，下面以 VLAN 网络配置为依据，具体步骤如下。

1）业务网络平面配置

在 TECS 配置完成后，单击“下一步”按钮，进入 TECS 网络配置页面，默认显示为配置数据平面界面，如图 3.29 所示。单击“增加网络平面”按钮，配置 physnet1 网络平面的 VLAN 范围，设置网络类型为 VLAN，此处的配置数据不区分二层组网和三层组网。将网络隔离类型设置为“vlan”，此网络平面用于分配给各业务网元使用。配置完成后，单击“保存并生效”按钮后，再单击“下一步”按钮，进入配置物理网口界面。

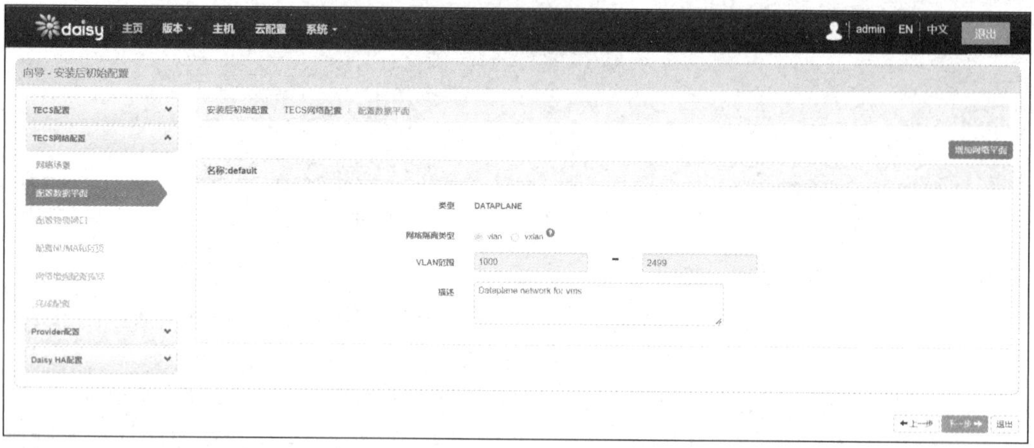

图 3.29　配置数据平面

2）物理网口配置

绑定计算节点的 bond1 网口，并映射 physnet1 网络平面的数据，在名称列中，选择所有的计算节点，单击“配置物理网口”按钮。

（1）选择计算节点上需要绑定的两个网卡 ens44f0 和 ens44f1，单击“绑定”按钮，弹出“绑定网口”对话框，设置网卡 ens44f0 和 ens44f1 绑定后的名称为 bond1；设置绑定类型为 dvs/sr-iov/ovs；设置绑定模式为 balance-tcp，设置 LACP 模式为 active，如图 3.30 所示。

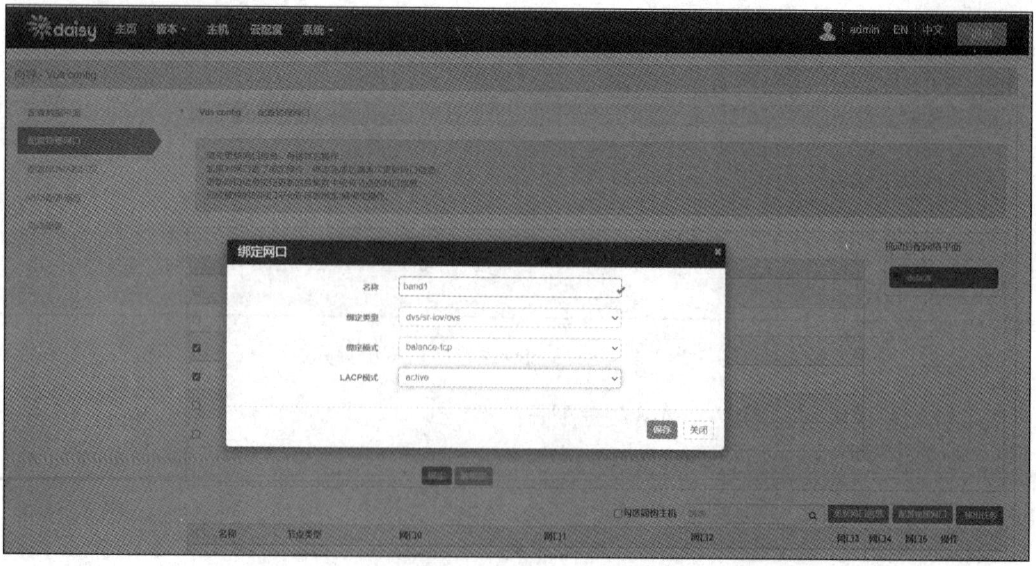

图 3.30　配置物理网口

（2）单击“保存”按钮，bond1 网口成功绑定，在配置网络平面界面右侧，单击“拖动分配网络平面”列表框中的 physnet1 图标，按住鼠标左键，将 physnet1 拖动到 bond1 网口对应的网络平面条目中，表示设置计算节点 Computer0101 的 bond1 网卡所在的网络平面为 physnet1，如图 3.31 所示。

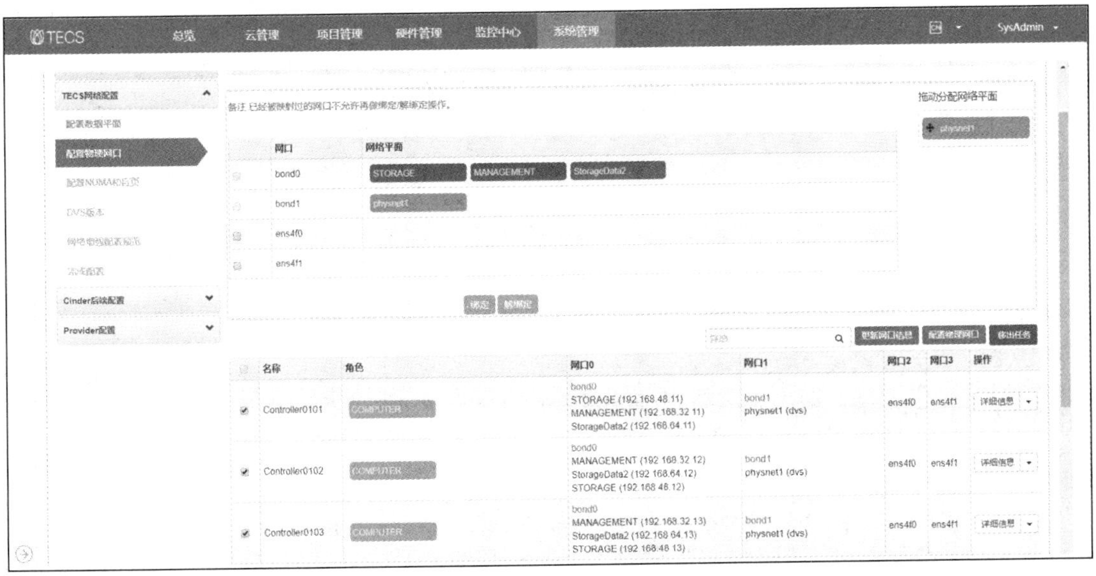

图 3.31　设置计算节点 bond1 网卡的网络平面为 physnet1

（3）释放鼠标左键，系统自动进入设置虚拟交换机类型界面，单击虚拟交换机类型右侧的下拉按钮，将参数值固定设置为 DVS。

（4）单击“保存”按钮，网络平面映射成功。

3）TECS OpenStack 的其他数据配置

配置 TECS OpenStack 的其他数据主要包括 NUMA（Non-Uniform Memory Access，非均匀存储器访问）和 Huge Page（巨页）配置和 DVS 版本配置两部分。巨页是 KVM 虚拟机的一种性能优化技术，x86 架构的 CPU 内核默认使用 4KB 大小的内存页面，同时支持使用较大的内存页面，如 x86_64 系统支持 2MB 大小的页面，一般将容量较大的内存页面（超过 2MB）称为巨页。NUMA 是一种用于多处理器的计算机记忆体设计，内存访问时间取决于处理器的内存位置，访问本地内存的速度将远远高于访问远地内存（系统内其他节点的内存）的速度。

具体配置步骤如下。

（1）物理网口数据配置成功后，单击“下一步”按钮，进入配置 NUMA 和巨页界面，选择名称列中的所有的计算节点，单击“主机配置”按钮，进入主机配置界面。

基本信息参数说明如表 3.17 所示。

表 3.17　基本信息参数说明

参数名称	设置说明
巨页大小	网卡启用 DVS 功能时，需要配置此参数，此参数只需要在作为计算节点的主机上配置（如果计算节点和控制节点合一部署，则在合一部署的主机上配置）。 ZTE TECS OpenStack 当前适用的各种类型主机支持的巨页大小如下：机架式服务器支持 1GB 的巨页
巨页个数	网卡启用 DVS 功能时，需要配置此参数，此参数只需要在作为计算节点的主机上配置（如果计算节点和控制节点合一部署，则在合一部署的主机上配置），表示操作员设置的巨页页面个数。 此参数的值需要根据实际发货的物理刀片服务器的内存进行设置，原则上只需要预留 20～60GB 的内存给 ZTE TECS OpenStack 使用，其他的内存全部分配给巨页使用
DVS 配置类型	该参数的设置原则如下。 ①“通用配置”。 对于上层业务应用为 VDC 组网架构，性能要求不高，建议选择此模式，系统只隔离 DVS 占用的 3 个 core 上的 6 个 HT，对 CPU 有超分的需求。 ②“高级配置-缺省”。 对于上层业务应用为 NFV 组网架构，性能要求比较高，选择此模式，系统会隔离除操作系统占用的 core 上的 HT 外的所有其他 HT，因为 DVS 只占用 3 个 core 上的 6 个 HT，所以还需要绑核。 绑核：在 NUMA CPU 架构服务器中，如果将 DVS 部署在某个网卡上，那么这个网卡所在的 PCI 插槽决定了该网卡归属于某个 NUMA 节点上（此 PCI 设备对应的 NUMA node），本节点上的 CPU 访问该网卡的效率会比较高；反之，其他节点上的 CPU 访问该网卡的效率比较低，这是由 NUMA 特性决定的。因此需要根据运营商的要求部署高性能的 DVS，即指定这些 DVS 绑核在网卡所在 NUMA node 的 CPU 上。 核隔离：为了得到高性能的 DVS，除了将该 DVS 绑核在高性能 NUMA node 对应的 CPU 上，通常还需要隔离操作系统和 TECS 等非业务进程，保证高性能 DVS 绑核的 CPU 不被其他进程使用，即 DVS 独占所绑定的 CPU。 ③ 高级配置-自定义。 如果 DVS 配置类型设置为“通用配置”和“高级配置-缺省”都不能满足实际需要，则需要将 DVS 配置类型设置为“高级配置-自定义”，需要导入一个配置文件，联系技术人员获取帮助

根据表 3.17 进行配置。设置完后，单击“保存和应用”按钮，弹出“保存并生效”对话框。在文本框中输入“yes”，单击“确定”按钮，系统开始配置主机信息，此步骤需要 5 min 左右，配置成功后的界面如图 3.32 所示。

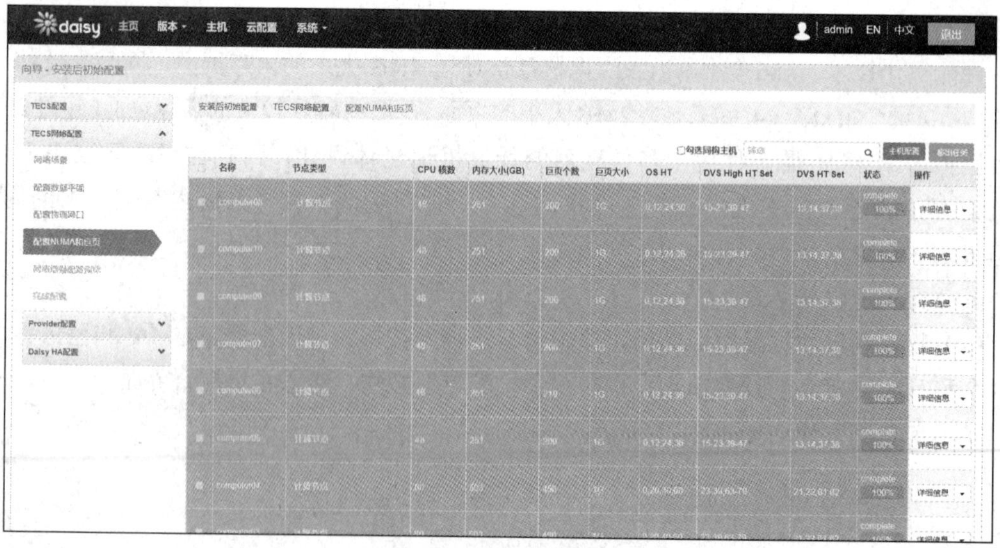

图 3.32　系统配置成功

（2）单击“下一步”按钮，进入 DVS 版本配置界面，如图 3.33 所示。

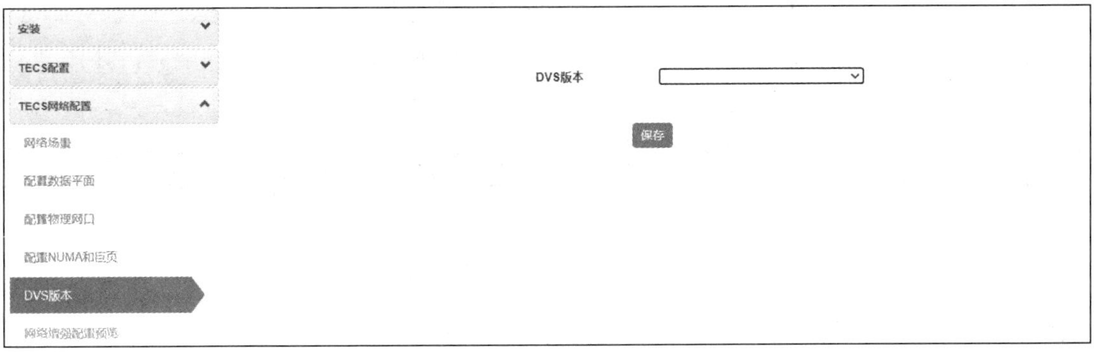

图 3.33　DVS 版本配置界面

（3）在“DVS 版本”下拉列表中选择对应的 DVS 版本，单击“保存”按钮，然后单击“下一步”按钮，进入网络增强配置预览界面（此操作用于检查配置数据是否正确）。

（4）在确认所有数据正确后，单击“安装”按钮，进入安装界面，系统开始自动配置计算节点上的 ZTE TECS OpenStack 网络数据，如图 3.34 所示。

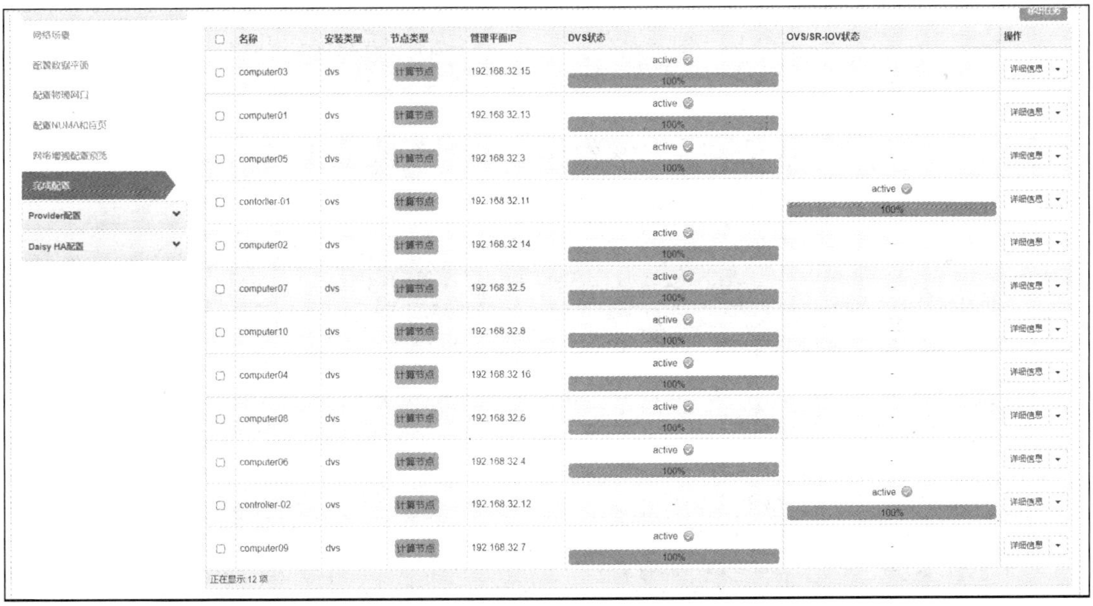

图 3.34　ZTE TECS OpenStack 安装成功

3．Provider 数据配置

Provider 数据配置包含 Provider 的物理网口数据配置、Provider 存储数据配置、Provider 浮动地址配置 3 部分。

1）Provider 的物理网口数据配置

Provider 需要配置的网络平面包括 OUTBAND 和 TECSClient 网络平面，将主机的物理接口（或绑定后的逻辑接口）与已经配置成功的网络平面数据进行一一对应的配置。

具体配置步骤如下。

（1）Provider 平台 OUTBAND 网络平面的物理接口配置。进入 Provider 配置界面，选择界面左侧的“配置 Outband 平面”选项，进行 OUTBAND 网络平面的配置，如图 3.35 所示。

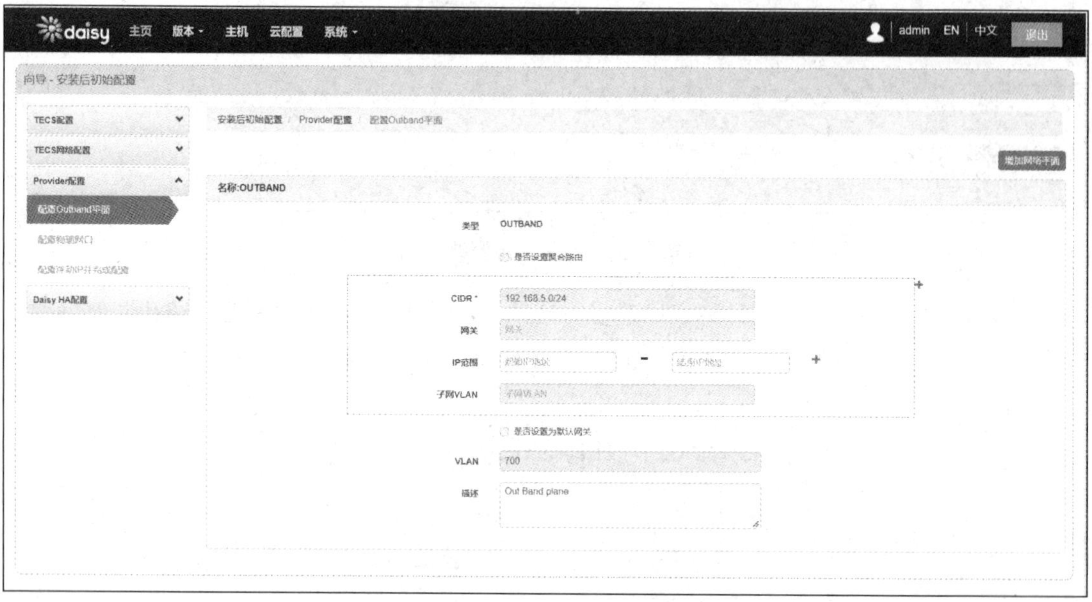

图 3.35　设置 OUTBAND 网络平面

OUTBAND 网络平面参数说明如表 3.18 所示。

表 3.18　OUTBAND 网络平面参数说明

参数	说明
IP	该参数为 Provider 的 OUTBAND 网络平面的 IP 地址，对应于 bond0.700 网口的地址，此处不能配置为浮动地址，需要配置为 Provider 在主用控制节点上的实际地址，通过该 IP 地址，Provider 可以与硬件设备（包括机框、交换机、磁阵等）通信
MASK	示例中规划为 255.255.255.0
VLAN	示例中规划为 700
网关	该参数无须设置
是否设置为默认网关	在规划所有的网络平面中，只有 TECSClient 网络平面需要选中此复选框

OUTBAND 网络平面的数据配置完成后，单击“保存”按钮，回到配置物理网口界面。在单击“应用”按钮，OUTBAND 网络平面的数据配置完成。

（2）使用同样的方式配置 TECSClient 网络平面的数据，在配置物理网口界面右侧，单击“拖动分配网络平面”列表框中的 TECSClient 图标，按住鼠标左键，将 TECSClient 拖动到 bond0 网口对应的 netplane 列中，表示设置主用控制节点的 bond0 网口对应的网络平面 TECSClient。释放鼠标左键，系统自动弹出“Config NetPlane”对话框，如图 3.36 所示，TECSClient 网络平面的数据配置完成后，单击“保存”按钮，回到配置物理网口界面，单击“应用”按钮，完成 TECSClient 网络平面的数据配置。

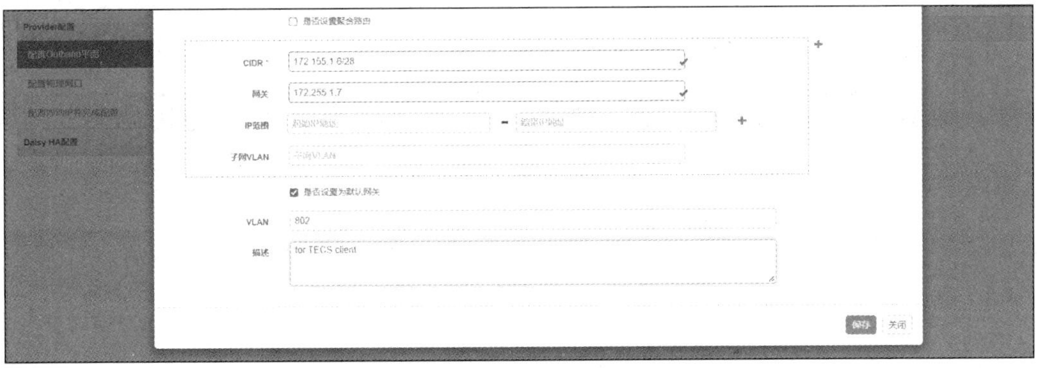

图 3.36 TECSClient 网络平面数据的配置示例

(3)使用同样的方法，完成控制节点 Controller0116 的 TECSClient 网络平面和 OUTBAND 网络平面的数据配置，配置成功后的结果如图 3.37 所示。

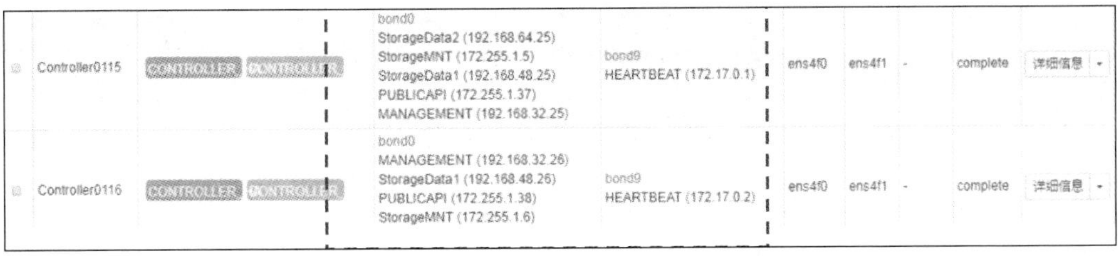

图 3.37 控制节点 Controller0116 的数据配置结果

2）Provider 存储数据配置

Provider 存储数据配置用于存储与 Provider 组件相关的数据，Provider 后端类型目前支持共享磁盘和本地磁盘两种方式。下面以共享磁盘方式为例进行介绍。步骤如下。

进入配置 Provider 存储界面，配置 Provider 后端类型为共享磁盘，单击“保存并生效”按钮，如图 3.38 所示，系统开始自动配置数据。

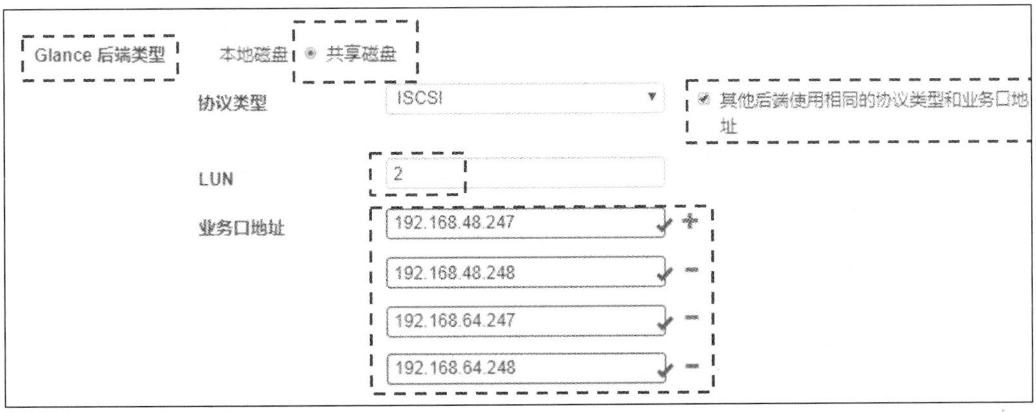

图 3.38 Provider 后端类型的配置示例（共享磁盘）

Provider 后端类型参数 Provider LV Size（GB），表示 Provider 的逻辑卷在作为控制节点的主机上所占用的本地硬盘大小，建议设置为 50GB。

3）Provider 浮动地址配置

进入配置浮动 IP 并完成配置界面，系统开始自动配置，具体配置如图 3.39 所示。

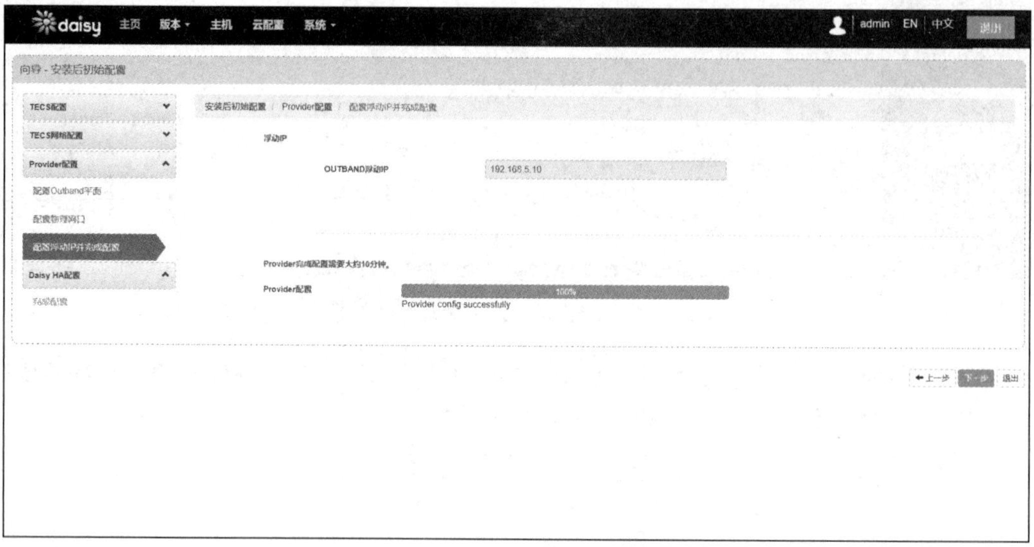

图 3.39　Provider 浮动地址配置完成

4．业务数据（VIM 参数）配置

VIM 负责对 NFVI 的计算资源、存储资源及网络资源进行控制与管理，如对硬件和虚拟机的启停、初始化、升级等。下面主要介绍设置 VIM 的 ID、名称和位置参数的操作步骤。

在 Provider 客户端，切换到系统管理界面，在左边的导航栏中选择“基本参数”选项，进入基本参数界面，单击“修改”按钮，界面变为可编辑状态。VIM 参数界面如图 3.40 所示。

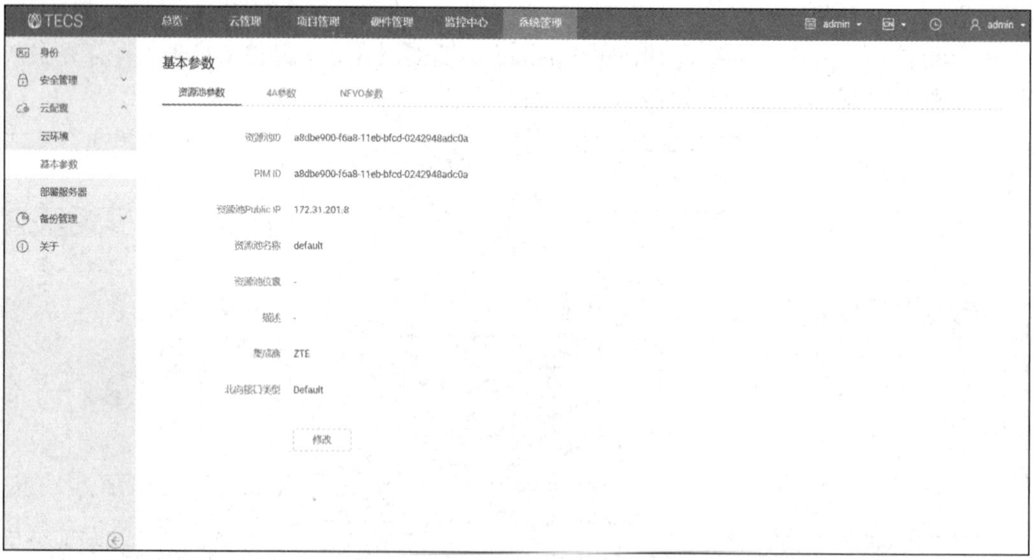

图 3.40　VIM 参数界面

设置 VIM ID、VIM Public IP、VIM 名称和 VIM 位置，参数说明如表 3.19 所示。配置完成后，单击“确定”按钮，完成 VIM 的参数配置。

表 3.19　VIM 参数说明

参数名	参数说明
VIM ID	必填项，操作员可自行定义，不能超过 6 个字符，不能与已有的 VIM ID 重复。如果有 ID 规划，则按照规划值填写。 本示例为 100001
VIM Public IP	VIM IP 地址。需要设置为 Provider 的 PUBLICAPI 网络平面浮动 IP 地址，在示例中规划为 172.255.201.18
VIM 名称	用户可自定义，但不可与已存在的 VIM 名称重复
VIM 位置	VIM 所在的物理位置，如具体的城市或大楼位置

习题 8

1．在本次云管理平台数据配置完成后，控制节点包括（　　）平面。

A． MANAGEMENT， TECSClient， PUBLICAPI， StorageMNT， StorageData，OUTBAND，HEARTBEAT

B．StorageData，MANAGEMENT，physnet1

C．MANAGEMENT，TECSClient，PUBLICAPI

D．TECSClient，PUBLICAPI，StorageMNT，StorageData，OUTBAND

2．在本次云管理平台数据配置中出现的 DVS 是（　　）。

A．操作系统　　B．云管理平台软件

C．分布式存储交换机　　D．开放式虚拟交换机

3．VIM 通过（　　）平面为上层对端设备提供 API。

A．MANAGEMENT　　B．TECSClient

C．OUTBAND　　D．PUBLICAPI

项目4

5G核心网的网络功能部署

项目概述

5G 核心网的网络功能部署主要包含 NFVO 的部署、VNFM 的部署及 5G 核心网网络功能的部署 3 部分。通过本项目的学习和操作，大家应掌握 5G 核心网网络功能的部署流程、部署方法和部署工具的使用等专业知识和操作技能，并体会小组成员之间分工协作给项目完成带来的重要影响和意义。

学习目标

（1）了解 NFVO 的部署；

（2）了解 VNFM 的部署；

（3）掌握 5G 核心网网络功能的部署。

任务 4.1　部署 NFVO

扫一扫看 NFVO 的部署教学课件

4.1.1　任务描述

本任务介绍 NFVO 的部署方式，要求掌握基于 TECS OpenStack 云平台采用单机组网方式进行 NFVO 部署的流程。

4.1.2　任务目标

（1）能完成云环境的基本检查；
（2）能描述 NFVO 安装文件的组成并做好准备；
（3）能够在云平台上创建 MANO 用户；
（4）能够安装 NFVO 的虚拟机；
（5）能够对 NFVO 进行初始配置。

4.1.3　知识准备

在 ETSI 定义的 NFV 架构中，明确了 NFV MANO（管理与编排）由 VIM、VNFM、NFVO 这 3 个模块组成。NFVO 负责 NFVI 资源的管理及 NS（Network Serve，网络服务，或 Network Slicing，5G 网络切片）的生命周期管理。NFVO 是整个 MANO 域的控制中心，负责对 NFV 基础设施资源和软件资源进行统一管理和编排，实现网络业务到 NFVI 的部署，通常整个网络部署一套编排器，可以采用分布式、集群方式部署来提升处理能力和可靠性。

4.1.4　任务实施

NFVO 的安装流程如图 4.1 所示。

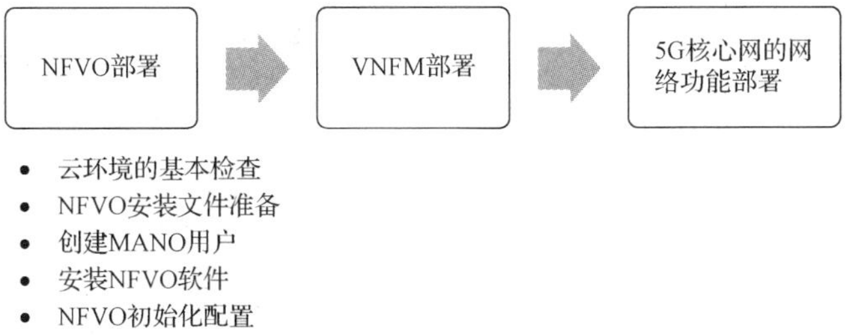

图 4.1　NFVO 的安装流程

1. 云环境的基本检查

云环境的基本检查负责检查节点状态、告警信息、资源占用率 3 项基本指标，以验证 TECS 是否已经正确配置，保证后续的云系统的虚拟机安装能够正常进行。

云环境的基本检查过程如下，登录 TECS 客户端（访问方式：在浏览器中输入 http://<TECS 控制节点 IP>:8089，默认用户名为 SysAdmin，密码为 SysAdmin_123），单击“登录”按钮，进入云环境总览界面，如图 4.2 所示。

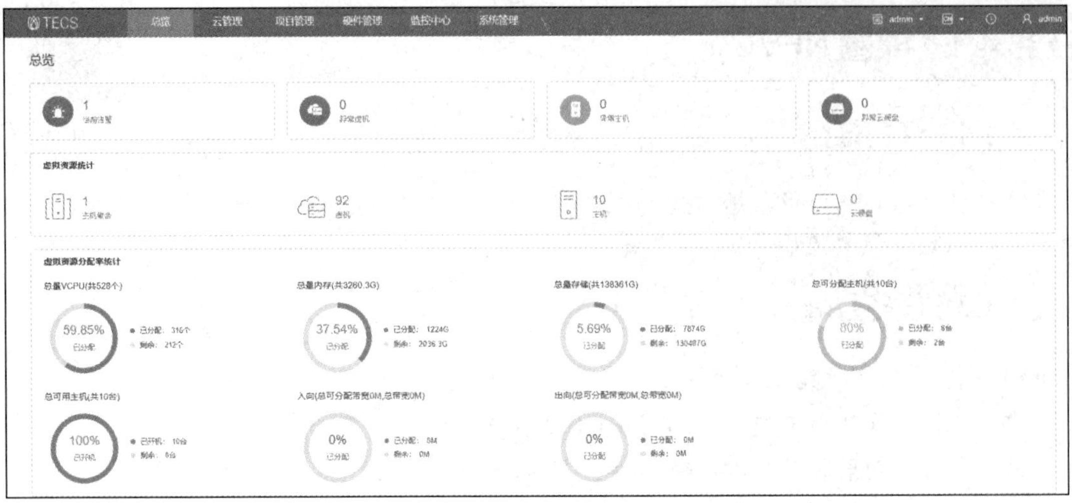

图 4.2　云环境总览界面

从图 4.2 中我们可以清晰地看到出节点状态、告警信息、资源利用率 3 项基本指标。根据指标信息可以继续进行后续的部署。

2．NFVO 安装文件准备

在安装 NFVO 前，需要获取 NFVO 相关的安装文件。NFVO 安装文件列表如表 4.1 所示。

表 4.1　NFVO 安装文件列表

文件类型	文件名	文件说明	保存路径
MANO 一键开通工具	mano-installation-V5.××.××.××.tar.gz	MANO 一键开通工具，用于在 TECS OpenStack 平台上安装 NFVO 双机。以实际获取的文件名为准	须解压至调试机本地硬盘，推荐使用根目录
NFVO 镜像文件	CloudStudio-MANO-V5.××.××-image.tar.gz	包含了 NFVO/VNFM 服务器操作系统的镜像，该文件NFVO和VNFM通用	调试机本地硬盘，推荐使用根目录。 当通过工具自动上传镜像时需要把镜像文件放置到调试机<MANO 一键开通工具所在目录\mano
NFVO 版本文件	installagent.×.××.××.××.××.tar.gz	NFVO 服务端程序的安装代理文件，以实际获取的文件名为准	将文件放到调试机<MANO 一键开通工具所在目录\mano
	CloudStudio(NFVO)-V5.××.××.××_××××_××××_××××_release.tar.gz	NFVO 服务端程序的版本文件，从版本服务器 V5.xx.xx\V5.xx.xx.xx\NFVO 获取，以实际获取的文件名为准	

3．创建 MANO 用户

在 TECS 管理系统界面上，切换至“系统管理”选项卡，并选择“系统安全管理”→“用户”选项，进入用户列表界面，单击“创建用户”按钮，进入创建用户界面，如图 4.3 所示。

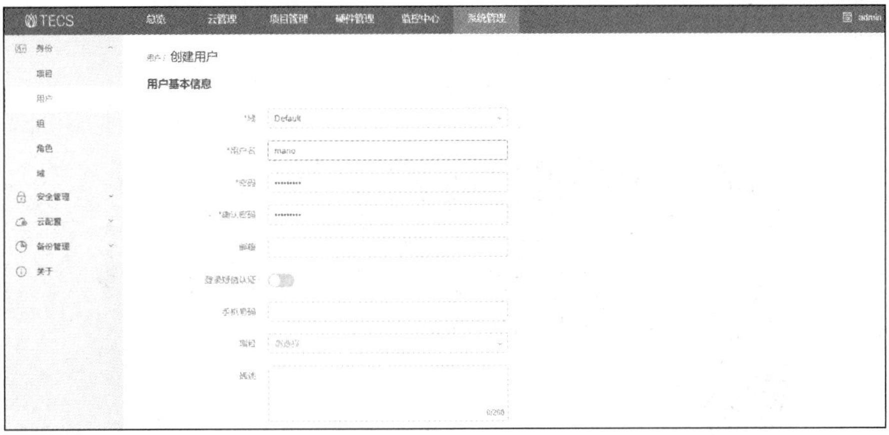

图 4.3　创建用户界面

用户参数如表 4.2 所示。

表 4.2　用户参数

筝数名	填写说明
用户名	新创建的 TECS 用户名，后续 MANO 的安装需要通过此用户连接 TECS
第三方认证用户	不选中此复选框
密码/确认密码	输入该用户的密码。密码必须包含大写字母、小写字母和数字中的至少 2 种字符，且必须包含特殊字符，长度范围是 6～32 个字符
角色	① TECS 2.0：该用户所赋予的角色，全部选择 ② TECS 3.0：选择该用户所赋予的角色
域	对于 TECS 3.0，当角色为 projectManager 时，界面弹出域下拉列表，在其中选择“Default 域”选项
邮箱	（可选）用户的邮箱地址
描述	（可选）该用户的简短描述信息

输入新创建的用户名及密码信息，选择该用户的角色，并单击“确定”按钮。新创建的用户出现的用户列表区域，如图 4.4 所示。

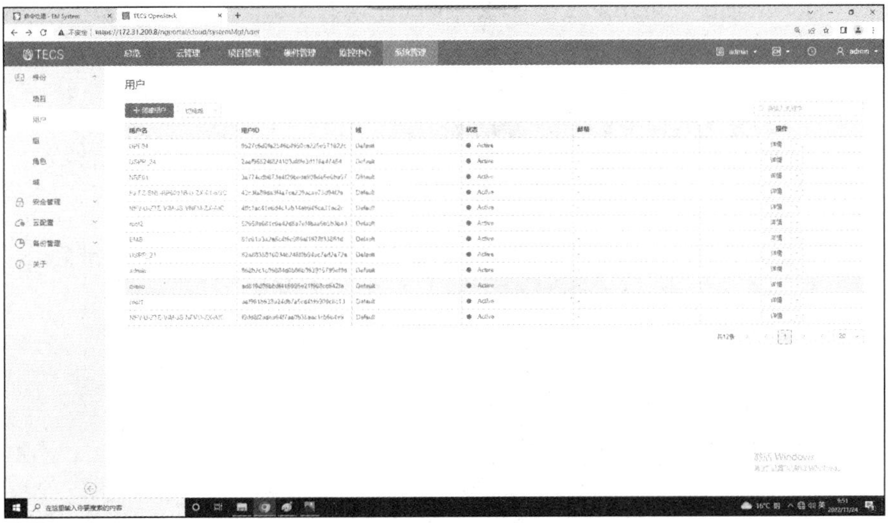

图 4.4　用户列表

4．安装 NFVO 软件

将工具 mano-installation-V5.19.××.××.zip 复制到到本地调试机并解压，运行 run.bat 程序，在程序稳定运行后会自动打开浏览器，进入 MANO 一键开通工具登录界面，如图 4.5 所示。

图 4.5　MANO 一键开通工具登录界面

Username：一键部署工具的登录用户名，默认用户名为 admin。

Password：一键部署工具的登录密码，默认密码为 admin。

界面恢复后，输入用户名 admin 及密码 admin，单击“登录”按钮，进入 MANO 一键开通工具。安装 MANO 的具体步骤如下。

（1）NFVO 基本设置。配置本次部署的 NFVO 的各基本参数，TECS 版本选择 2.0，NFVO 的类型根据实际需求而定，可选双机或单机，NFVO 语言和 NFVO 虚机标识根据实际配置决定，设置好参数后单击“开始”按钮，如图 4.6 所示。

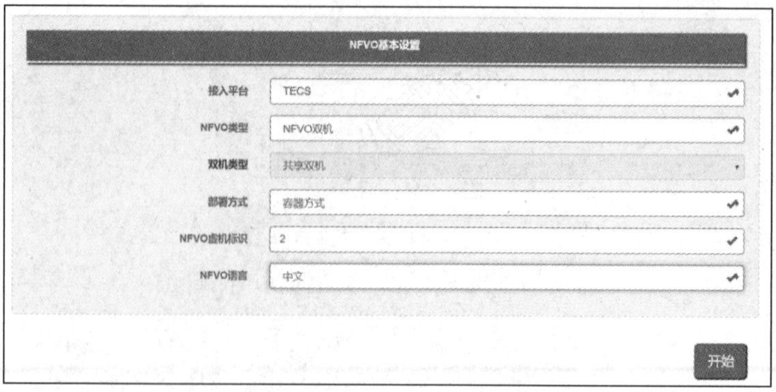

图 4.6　NFVO 基本设置

登录 MANO 一键开通工具后，系统自动弹出“平台接入”对话框，输入登录 TECS 的链接https://172.255.1.20:443（具体网址以实际规划为准），此处IP地址为控制节点TECSClient平面的浮动地址，用户名和密码为使用该工具前创建的用户名和密码，如图4.7所示，然后单击“Ok”按钮（TECS的地址参考项目2任务2.2中网络平面IP地址规划部分内容）。

图4.7　设置控制节点的IP地址

（2）创建NFVO租户。租户，即TECS中的“项目”，每个虚拟化的网元都运行在各自的项目中。TECS可以通过不同的项目实现各种虚拟资源的隔离。在创建NFVO虚机的各项资源之前，需要预先创建NFVO使用的租户。在MANO一键开通工具的部署NFVO说明界面中，选择左侧的“创建NFVO租户”选项，进入创建NFVO租户界面，界面显示创建NFVO租户的参数设置。在“配额”选项组中，所有配额保持默认值，如图4.8所示。

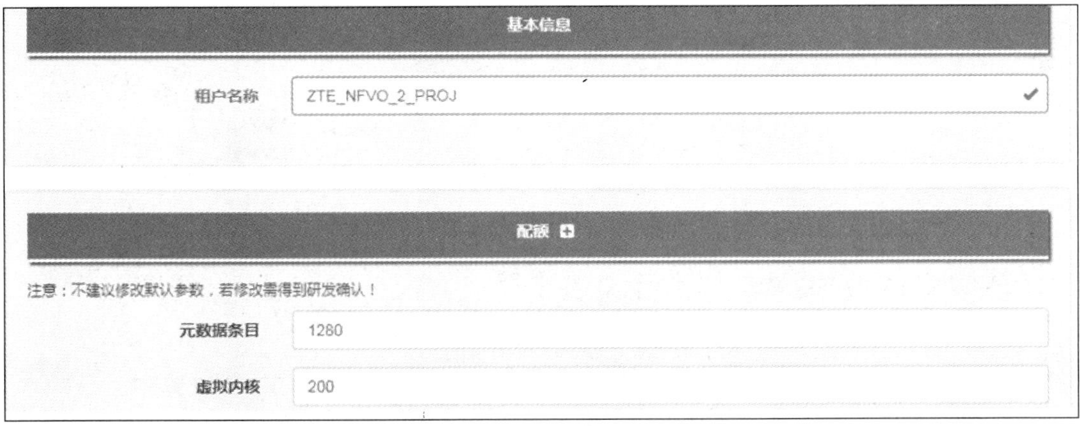

图4.8　设置租户的基本信息

（3）设置NFVO基本信息，包括组网方式、语言、虚机标识等，在MANO一键开通工具的创建NFVO租户界面完成后自动跳转到设置NFVO基本信息界面，界面显示MANO基本参数设置，单击“开始”按钮，将在“操作日志”选项组中显示NFVO基本信息的设置结果，如图4.9所示。

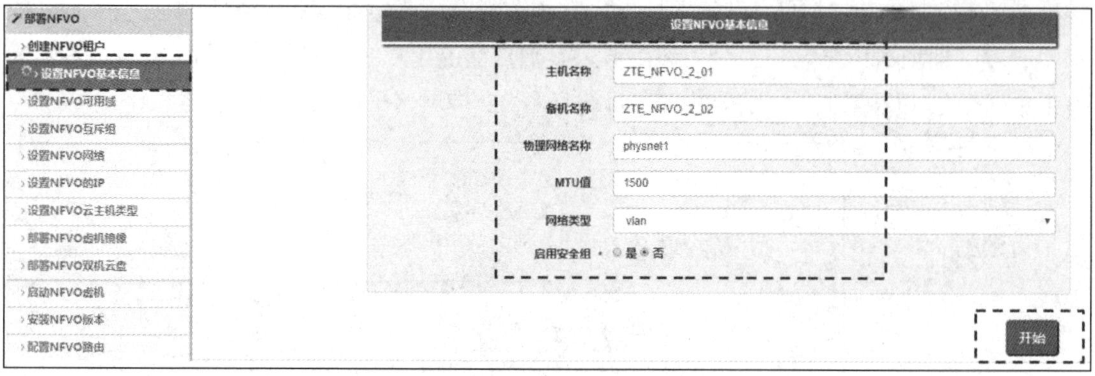

图 4.9　设置 NFVO 的基本信息

（4）设置 NFVO 可用域。可用域是指由指定的物理刀片组成的可用资源区域，可以将虚机部署在规定的物理刀片上。每个域对应一个主机集合。NFVO 基本信息配置完成后自动跳转到设置 NFVO 可用域界面，界面显示可用域参数设置，单击“开始”按钮，在“操作日志”选项组中显示 NFVO 可用域的设置结果，如图 4.10 所示。

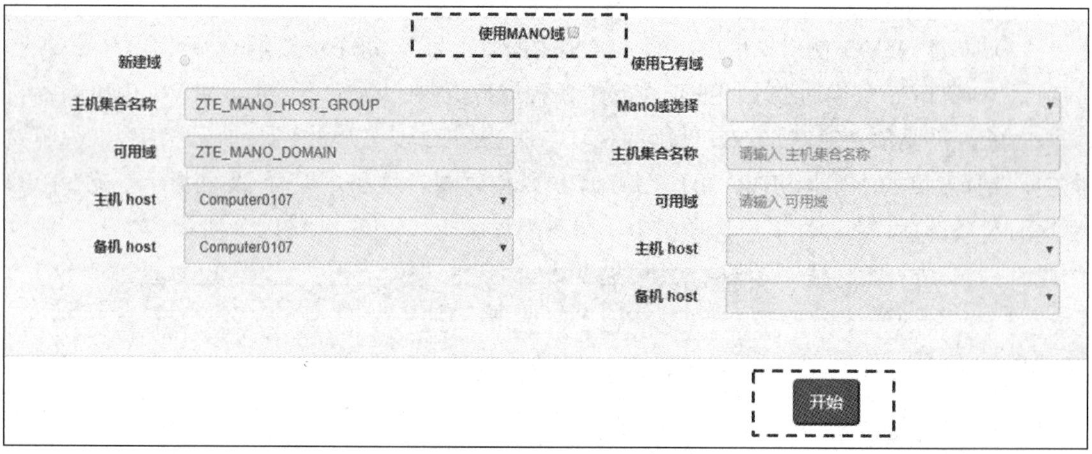

图 4.10　设置 NFVO 可用域

NFVO 可用域的参数如表 4.3 所示。

表 4.3　NFVO 可用域的参数

参数名称	填写说明
主机集合名称	根据实际规划，填写主机集合的名称，如 ZTE_MANO_HOST_GROUP
可用域	根据实际规划，填写可用域的名称，如 ZTE_MANO_DOMAIN
主机 host/备机 host	根据实际规划，从下拉列表中选择运行 NFVO 虚机的物理刀片
Mano 域选择	在状态为准备就绪后，在下拉列表中列出环境中已创建的 MANO 可用域

（5）设置 NFVO 网络。NFVO 需要创建 EMS_NET、MANO_NET，在 MANO 一键开通工具的设置 NFVO 网络界面，显示 NFVO 各网络平面的参数设置，单击“开始”按钮，在“操作日志”选项组中显示 NFVO 网络平面的设置结果，如图 4.11 所示。

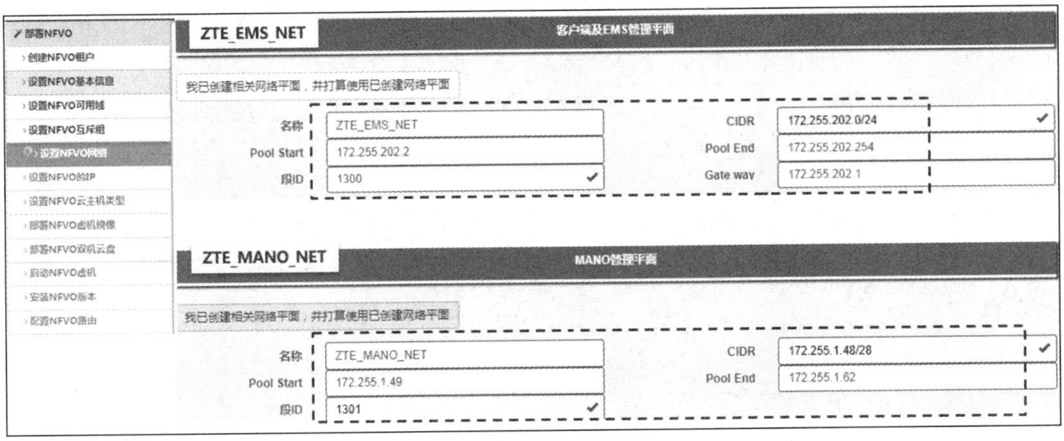

图 4.11 设置 NFVO 网络平面

NFVO 网络平面的参数如表 4.4 所示。

表 4.4 NFVO 网络平面的参数

名称	客户端及 EMS 管理平面 填写 ZTE_EMS_NET	MANO 管理平面 填写 ZTE_MANO_NET
CIDR	广域网网络平面网络地址及掩码位数	LAN 网络平面网络地址及掩码位数。 依据规划填写，如 10.255.<NFVO 局号>.0/24
Pool Start	广域网网络平面地址段的起始/终止 IP 地址。该地址段不能包含网关的 IP 地址，否则会导致网络平面创建失败	LAN 网络平面地址段的起始/终止 IP 地址。 依据规划填写，如 10.255.<NFVO 局号>.1/10.255.<NFVO 局号>.254
Pool End		
段 ID	在外部交换机上配置的 access VLAN ID	在内部交换机上配置的 LAN 网络平面的 VLAN ID
Gate way	广域网网络平面网络的网关	—

（6）设置 NFVO 的 IP 地址。在 MANO 一键开通工具的设置 NFVO 网络界面中单击“下一步”按钮，进入设置 NFVO 的 IP 地址界面，界面显示 NFVO 虚机 IP 地址的参数设置，单击“开始”按钮，在“操作日志”选项组中显示 NFVO 虚机 IP 地址的设置结果，如图 4.12 所示。

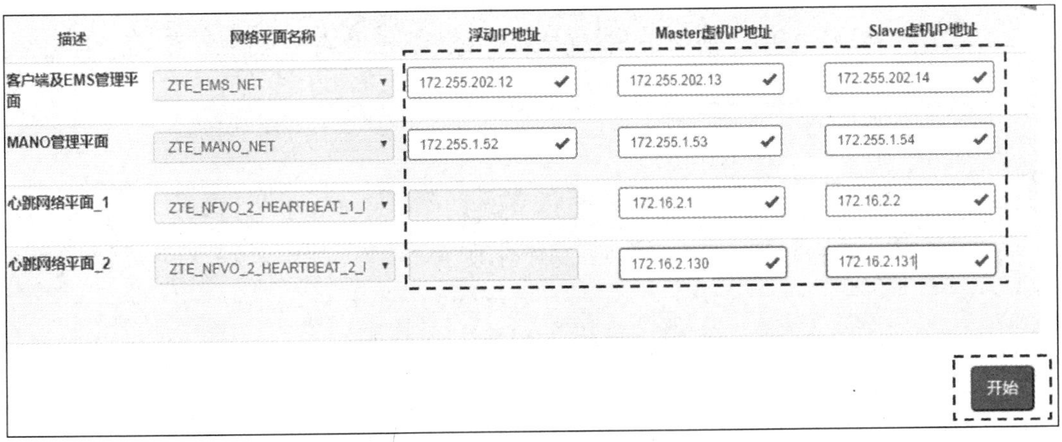

图 4.12 设置 NFVO 的 IP 地址

（7）设置 NFVO 云主机的类型。NFVO 云主机的类型用于定义 NFVO 虚机的规格，包括虚拟内核、内存、根磁盘、临时磁盘等。当系统创建 NFVO 虚机时，会按照该云主机类型进行创建。NFVO 的 IP 地址设置完成后自动跳转到设置 NFVO 云主机类型界面，界面显示 NFVO 云主机类型的设置参数，如图 4.13 所示。

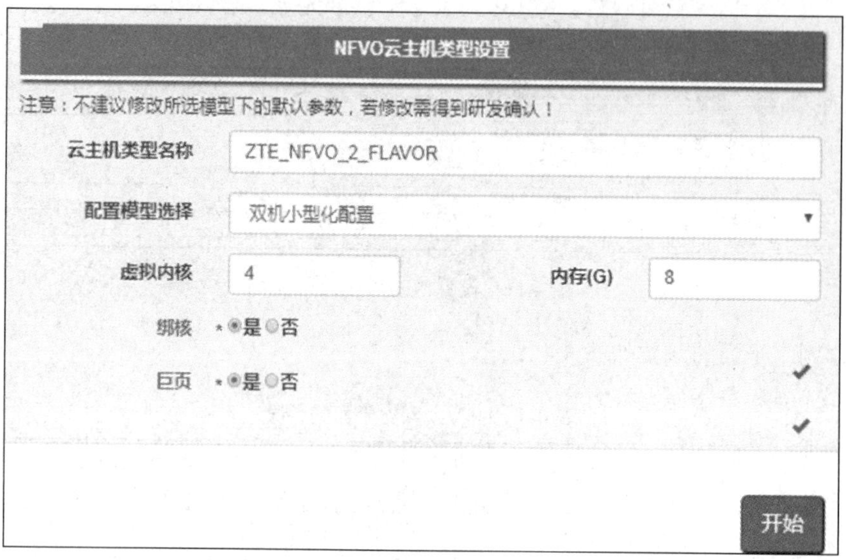

图 4.13　设置 NFVO 云主机类型

（8）部署 NFVO 虚机镜像。NFVO 的虚机镜像文件包含了虚机需要运行的操作系统，通过 MANO 一键开通工具安装 NFVO 时，工具会自动将其解压为 zte-cn-CloudStudio-img-××××××××.img 文件，并上传至 VIM 系统。当虚机启动时，可以自动加载该镜像文件。在 MANO 一键开通工具的设置 NFVO 云主机类型界面中，单击“下一步”按钮，进入部署 NFVO 虚机镜像界面，界面显示 NFVO 镜像文件的路径设置，在“NFVO 镜像全路径”文本框中，自动填充 NFVO 虚机镜像文件在调试机的绝对路径。此过程需要等待约 20 min，如图 4.14 所示。

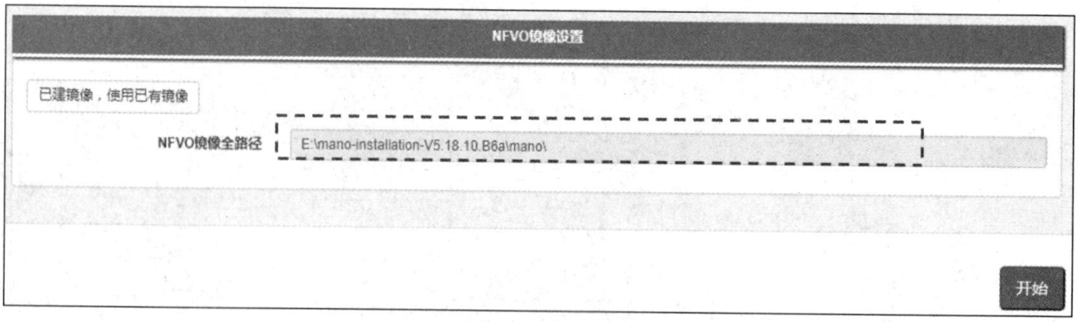

图 4.14　设置 NFVO 镜像文件的路径

（9）启动 NFVO 虚机，在 MANO 一键开通工具的部署 NFVO 虚机镜像界面，单击“下一步”按钮，进入启动 NFVO 虚机界面，如图 4.15 所示。

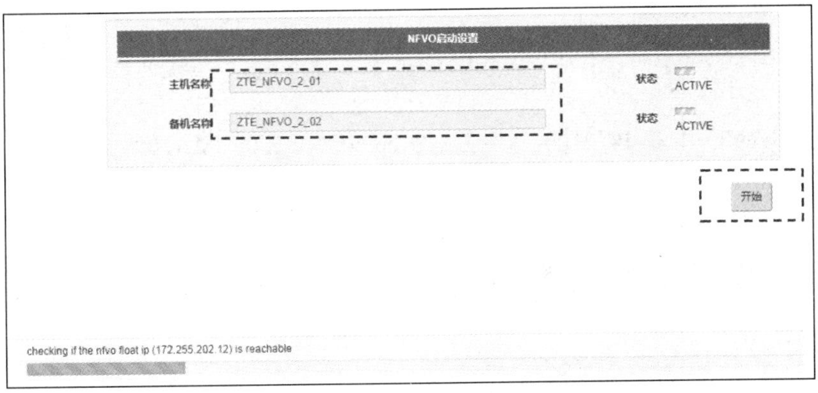

图 4.15　启动 NFVO 虚机

单击“开始”按钮，系统开始启动 NFVO 虚机。待虚机启动完成后，TECS 查询虚机的状态栏均显示为 ACTIVE。

（10）安装 NFVO 版本，当 NFVO 虚机启动完成后，还需要安装 NFVO 的服务端软件。将 NFVO 的安装代理文件和版本文件复制至<MANO 一键开通工具所在目录>\mano 目录下。在 MANO 一键开通工具的启动 NFVO 虚机界面中，单击“下一步”按钮，进入安装 NFVO 版本界面，界面显示 NFVO 版本的安装路径，如图 4.16 所示。

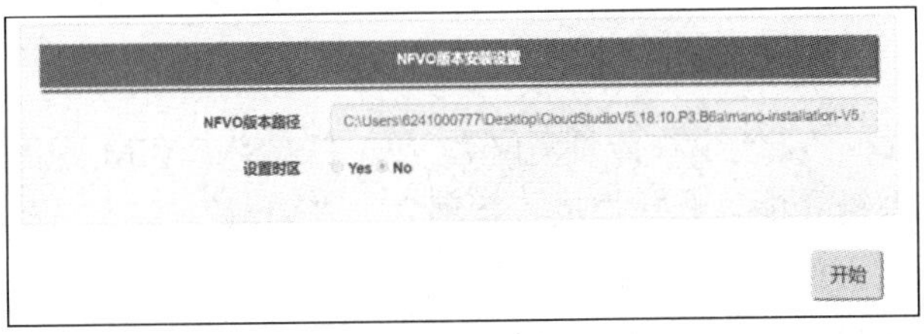

图 4.16　设置 NFVO 版本的安装路径

（11）配置 NFVO 路由，按照网络规划，ZTE_MANO_NET 网络平面与 VIM 系统（TECS 系统）的网络平面分属于不同的 VLAN，且 IP 地址不在一个网段内，因此需要打通 NFVO 与 VIM 系统之间的路由。具体配置如图 4.17 所示。

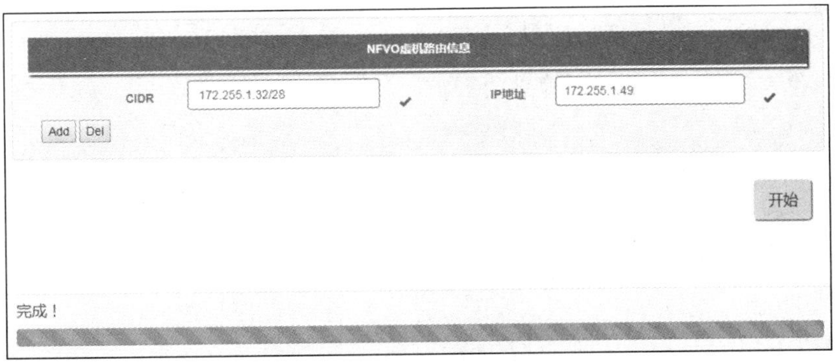

图 4.17　配置 NFVO 路由界面

界面提示完成后，可单击右下角的“退出”按钮，弹出“关闭”对话框，单击“确定”按钮退出，完成了本次一键部署。

5. NFVO 初始化配置

NFVO 初始化配置包含 NFVO 本端 IP 地址配置和 VIM 信息配置两部分内容，具体配置如下。

（1）配置 NFVO 本端 IP 地址，该地址为 NFVO 在 ZTE_MANO_NET 网络平面中的 IP 地址，以便和 VNFM 进行通信。在 NFVO 客户端中，选择“配置管理”→“NFVO”选项，进入 NFVO 本端 IP 地址配置界面进行配置即可，如图 4.18 所示。

图 4.18　NFVO 本端 IP 地址配置界面

（2）VIM 信息配置，VIM 也称云管理平台（如 TECS）。VIM 为部署 VNF 或 VNFM 提供所需要的资源。在系统界面，选择“接入管理”→“VIM”选项，在界面右侧显示 VIM 列表。单击“创建”按钮，进入 VIM 配置界面，如图 4.19 所示。

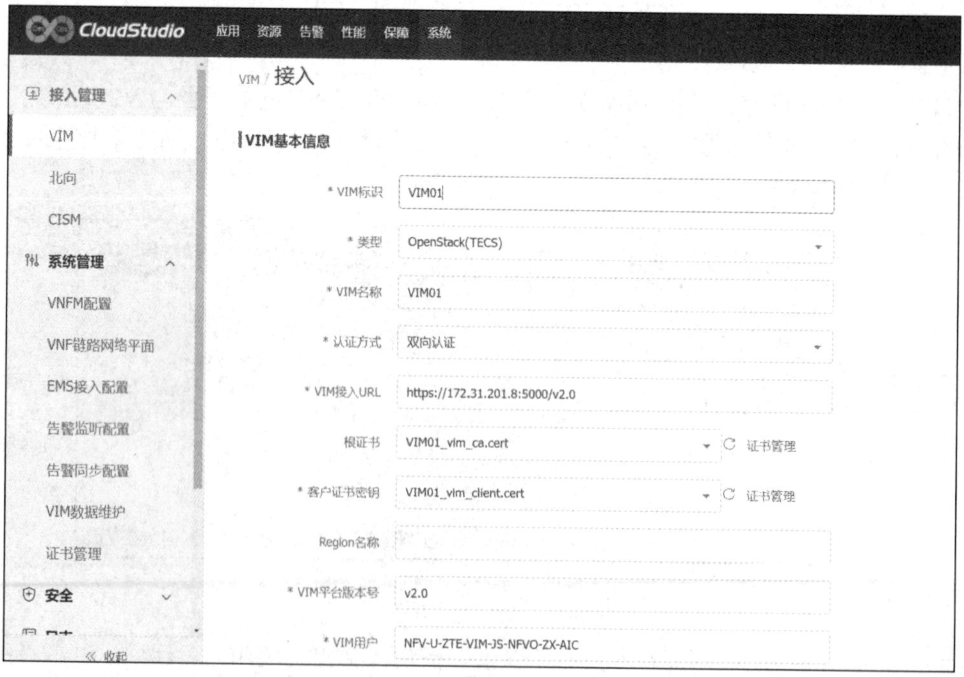

图 4.19　配置 VIM 参数

根据实际情况填写各项参数，然后单击“提交”按钮，新增的 VIM 将出现在 VIM 列表中，选择新增的 VIM，在界面下方显示该 VIM 上的租户，表示接入 VIM 成功。配置 VIM 参数说明如表 4.5 所示。

表 4.5　配置 VIM 参数说明

参数名称	参数说明
VIM 编号	VIM 编号
类型	云管理平台的类型，平台类型必须与实际配置保持一致。 选择 OpenStack（TECS），表示接入基于 OpenStack 接口的 TECS 云管理平台
VIM 名称	VIM 名称可以任意配置。为了便于使用者识别该 VIM，建议以地理位置或机房名称为前缀或后缀区分多个云平台，如 Beijin_Cloud 或 Beijin_VIM_1 等。 该 VIM 名称后续还可以再修改
认证方式	认证方式
VIM 接入 URL	填写 VIM 与 MANO 通信的 API 地址、端口及版本号。例如，填写 http://10.43.35.70:8089/v2.0，其中 10.43.37.70 为 TECS Provider API 地址，8089 为端口号，v2.0 为版本号
VIM 平台版本号	填写 OpenStack 的版本，如 icehouse、kilo
VIM 用户	登录 VIM 的用户名和密码，填写“创建 MANO 用户”时创建的用户名和密码
密码	
VIM 管理员租户	VIM 管理员的租户信息，填写 admin
SLA 级别	此处无须填写。涉及跨 VIM 部署 VNF 时，才需要填写此参数
经度	
维度	

习题 9

1. 中兴 NFVO 的安装流程中需要准备（　　）。
   A. NFVO 镜像文件和 NFVO 版本文件
   B. NFVO 版本文件
   C. NFVO 操作系统和 NFVO 版本文件
   D. MANO 一键开通工具、NFVO 镜像文件和 NFVO 版本文件
2. NFVO 主备虚机的创建中需要使用的网络平面有（　　）。
   A. 客户端及 EMS 管理平面、MANO 管理平面
   B. MANAGEMENT、PUBLICAPI、HEARTBEAT
   C. 客户端及 EMS 管理平面、MANO 管理平面、NFVO 心跳网络平面 1、NFVO 心跳网络平面 2
   D. MANAGEMENT、NFVO 心跳网络平面 1、NFVO 心跳网络平面 2
3. NFVO 软件安装过程中的配置 NFVO 路由的目的是（　　）。
   A. 打通 NFVO 虚机内部的路由
   B. 打通 NFVO 主虚机和 NFVO 备虚机的路由
   C. 打通 NFVO 与 VIM 系统之间的路由
   D. 打通 NFVO 和 VNFM 之间的路由
4. 简要描述 NFVO 租户的概念与功能。
5. 简要概述 NFVO 的概念与功能。

任务 4.2 部署 VNFM

扫一扫看 VNFM 的部署教学课件

4.2.1 任务描述

VNFM 的部署方式可以采用单机组网或双机组网部署。本任务中 VNFM 的部署采用单机组网方式并基于 TECS。部署流程包含 VNFM 安装文件的准备、VNFM 部署、VNFM 初始化配置 3 个部分。

4.2.2 任务目标

（1）能根据组网部署方式做好安装文件的准备；
（2）能够独立部署 VNFM；
（3）能够完成 VNFM 的初始化配置。

4.2.3 知识准备

VNFM 负责 VNF 的生命周期管理，包括 VNF 包注册、VNF 实例化、VNF 升级、弹性伸缩及实例终止等功能，VNFM 与 VNF 之间的关系可以是 1∶1，也可以是 1∶*N*。VNFM 可以管理同类 VNF，也可以管理不同类 VNF。VNFM 与 NFVO 协作完成网络功能的编排管理。5G 核心网的网络功能负责 5G 核心网业务的实现。

4.2.4 任务实施

VNFM 的安装流程如图 4.20 所示。

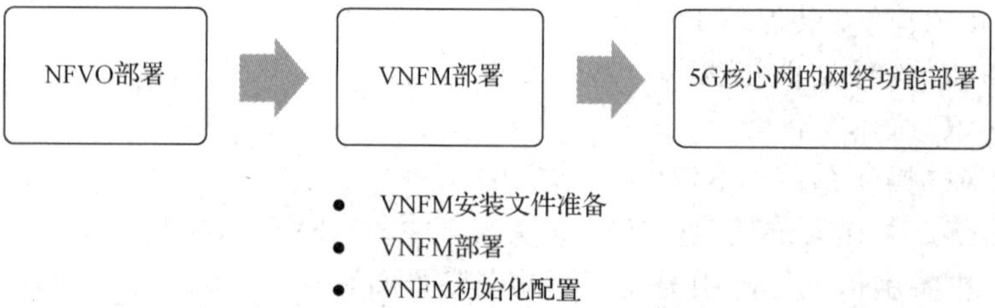

图 4.20　VNFM 的安装流程

1．VNFM 安装文件准备

VNFM 部署前除了检查 NFVO 的数据和工作状态，还必须预先获取 VNFM 的版本包文件。VNFM 版本包的文件列表如表 4.6 所示（每个版本的版本包中所包含的文件名或有不同，表中的文件名仅为示例）。

表 4.6　VNFM 的版本包文件列表

文件类型	文件名	文件说明
VNFM 版本包文件（需使用 OpenStack 版本）	version.lst	包含版本包文件的所有文件列表及各文件的 MD5 校验值
	CloudStudio(VNFM)-V5.19.xxx.xxxx-version.zip	包含了 VNFM 的版本文件

续表

文件类型	文件名	文件说明
VNFM 版本包文件（需使用 OpenStack 版本）	CloudStudio(VNFM)-V5.19.xxx.xxxx-vnfd.zip	包含 template 文件，用来描述 VNFM 虚机的规格参数，如 vCPU 个数、虚拟内存大小等信息
VNFM 版本包文件（需使用 OpenStack 版本）	CloudStudio-MANO-V5.xx.xx-image.tar.gz	该文件包含了 NFVO/VNFM 服务器操作系统及双机软件的镜像文件 zte-cn-CloudStudio-img-××××××××.img。该文件 NFVO 和 VNFM 通用。该文件可以修改为单机文件
VNFM 模板文件	CloudStudio(VNFM)-v5.19.10-op-vnfm-info.xml	VNFM 模板文件，该文件中定义了 VNFM 的组网方式、虚机规格、网络平面及 IP 地址规划等配置信息

2．VNFM 部署

在 NFVO 安装完成后，可以在 NFVO 的客户端通过自动部署的方式安装 VNFM。安装的大致过程如下。

在 TECS 上手工创建 VNFM 的项目（如 PROJ-VNFM）。

（1）准备 VNFM 版本包。

（2）注册 VNFM 版本包。

（3）实例化 VNFM。

（1）创建 VNFM 的项目，TECS 可以通过不同的项目实现各种虚拟资源的隔离。在创建 VNFM 虚机的各项资源之前，需要预先创建 VNFM 使用的项目。在 TECS 客户端，选择“系统管理”选项卡，进入系统管理总览界面。选择左侧导航栏中的“系统管理”→“身份”→“项目”选项，进入项目界面，单击“添加项目”按钮，在打开的“基本信息”界面中，输入 VNFM 的项目名称及 VNFM 项目下的虚拟资源配额，一般可以修改为默认配额的 3～10 倍，如图 4.21 所示。

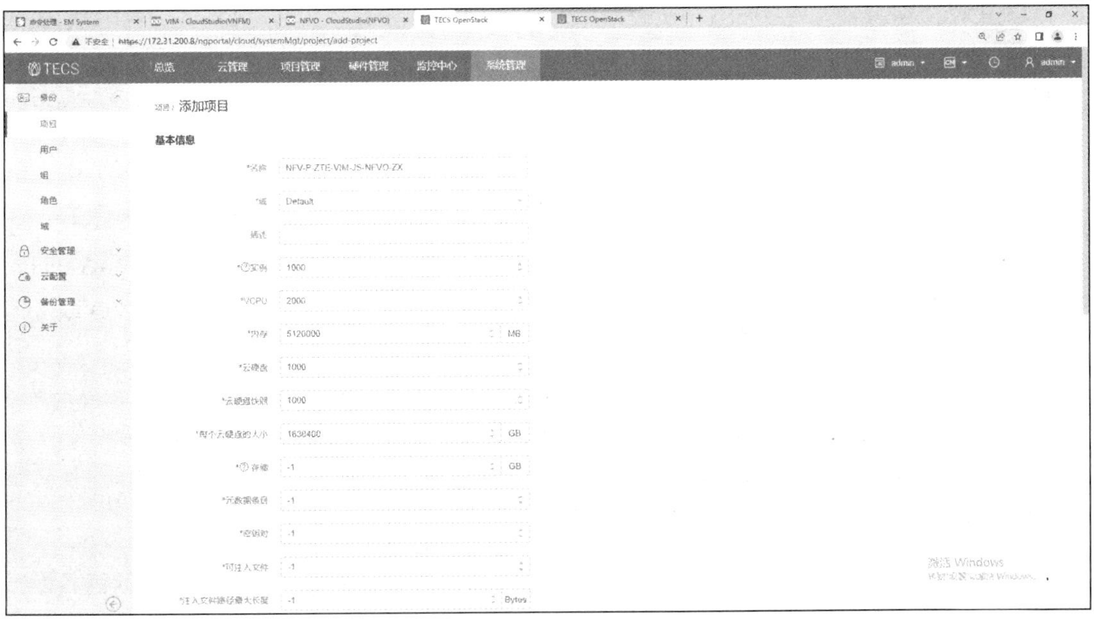

图 4.21　创建 VNFM 的项目

单击“创建”按钮，VNFM 的项目出现在项目列表中，如图 4.22 所示。

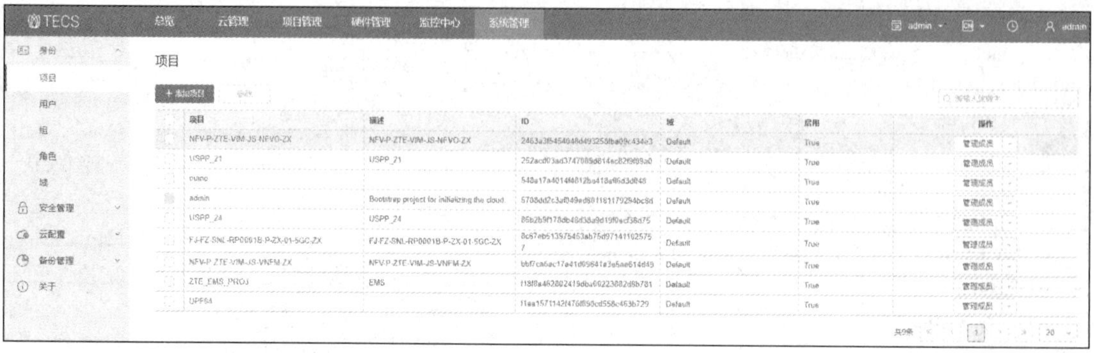

图 4.22　添加 VNFM 项目结果

在 VNFM 项目的“操作”下拉列表中选择“编辑成员”选项，弹出“编辑成员”对话框。将 mano 用户和 admin 用户添加到 VNFM 项目中，如图 4.23 所示，然后单击“确定”按钮。

图 4.23　编辑 VNFM 项目成员

（2）准备 VNFM 版本包，将 VNFM 版本包的 4 个文件打包，并命名为×××-VNFM-×××.zip 格式。登录 NFVO 服务器的操作系统，在/home/ngomm/nfvo_<NFVO 局号>/ftp/VmVersion/目录下新建一个 VNFM 目录。通过 FTP 工具，将 VNFM 的版本包文件上传至 NFVO 服务器/home/ngomm/nfvo_<NFVO 局号>/ftp/VmVersion/VNFM/目录下。

登录 NFVO 客户端，在业务界面，选择左侧导航栏中的“软件仓库”选项，然后单击“导入”按钮，弹出“导入”对话框，如图 4.24 所示。

设置好参数后，单击“提交”按钮，系统开始从指定的产品包 FTP 路径中下载版本包文件，解压并将镜像文件上载到 VIM 云平台。

（3）注册版本包，上传 VNFM 版本包完成后，状态是“未注册”，VNFM 版本包名称出现在列表中，如图 4.25 所示。

图 4.24　导入版本包

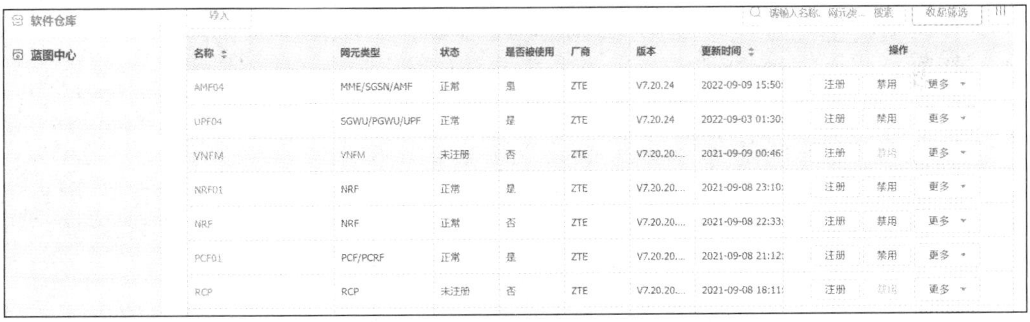

图 4.25　VNFM 版本包的上传结果

然后单击 VNFM 版本包的“注册”按钮。

在 VNFM 版本包注册成功后，VNFM 版本包的状态变为“正常”，如图 4.26 所示。

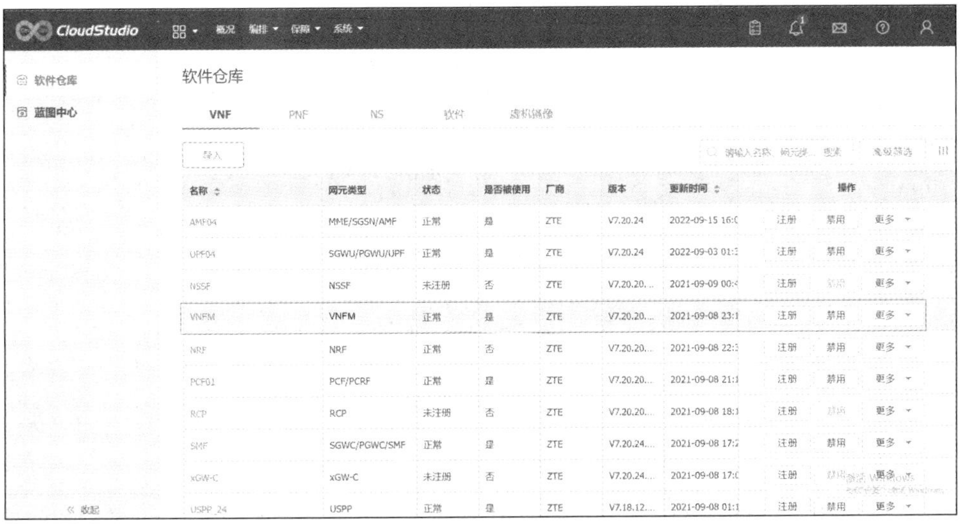

图 4.26　查看注册版本包

（4）实例化 VNFM，在实例化过程中，系统完成 VNF 所需虚拟资源的创建和业务程序的自动部署。

准备模板文件，将 VNFM 模板文件 CloudStudio(VNFM)-v5.19.10-op-vnfm-info.xml 压缩成.zip 文件。登录 NFVO 客户端，在业务界面，选择左侧导航栏中的“接入管理”→“VNFM”选项，进入 VNFM 实例界面。单击“创建”按钮，在打开的创建 VNFM 实例界面的“导入模板文件”选项组中单击“选择文件”按钮，选择压缩好的文件（.zip 格式），然后单击“导入”按钮，导入模板文件，如图 4.27 所示。

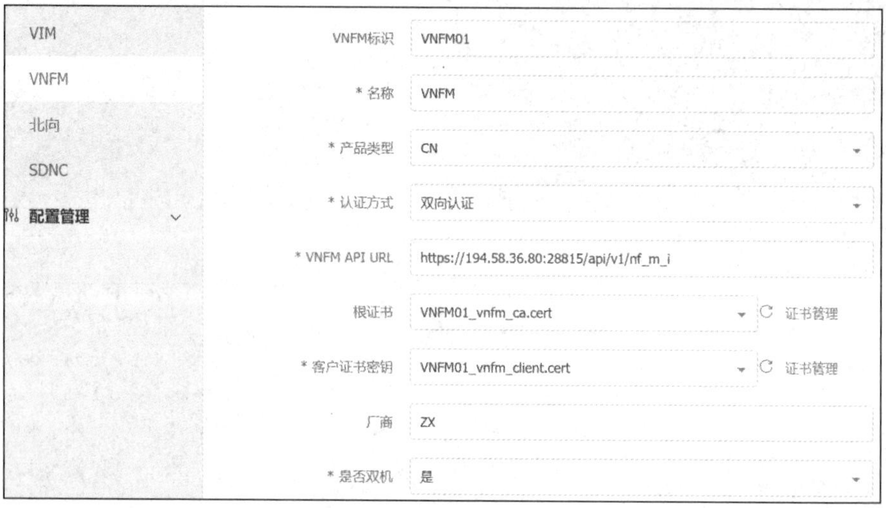

图 4.27　导入模板文件

vnfm-info.xml 文件的具体配置部分信息如图 4.28 所示。

参数名称	参数值（双击编辑）
vnfm	
vnfm全局配置	
vnfm单双机配置	双机
双机方式	共享磁盘
内部协议栈MTU	1500
双机第三方IP	10.1.231.193
vnfm单机名称	
vnfm双机主机名称	ZTE_VNFM_3_01
vnfm双机备机名称	ZTE_VNFM_3_02
局号	1
节点号	100003
FTP类型	SFTP
安装语言	中文
时区	Asia/Shanghai
虚机可用域	
双机是否启用互斥组	启用

图 4.28　vnfm-info.xml 文件的具体配置部分信息

单击“下一步”按钮，系统开始实例化 VNFM，VNFM 实例化完成后，单击“完成”按钮即可。

在 VNFM 实例化成功后，在 VNFM 管理界面中可以看到新创建的 VNFM 实例，其运行状态应为“正常”，如图 4.29 所示。

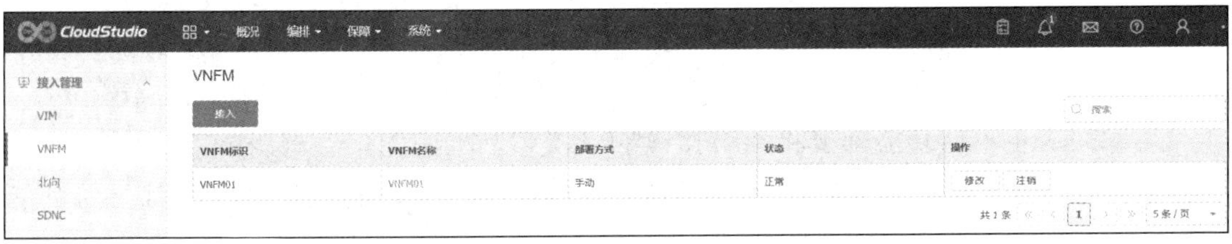

图 4.29　VNFM 管理界面

3. VNFM 初始化配置

按照网络规划，ZTE_MANO_NET 网络平面与 VIM 系统（TECS）的网络平面分别属于不同的 VLAN，且 IP 地址不在一个网段内，因此后续 VNFM 能够正常接入 VIM 时，除了需要在交换机将两个网络平面互通，还需要在 VNFM 的虚机上添加到 VIM 系统的路由，具体操作如下。

（1）以 root 用户登录 VNFM 虚机的操作系统。

（2）执行命令“#vi /etc/sysconfig/network-scripts/route-eth1”，修改/etc/sysconfig/network-scripts/route-eth1 文件，添加到 VIM 的静态路由。

例如，10.43.35.0/24 via 172.16.1.254。

其中，“10.43.35.0/24”表示 VIM 所在网络平面（即 TECS Provider 的 API 平面）的网段地址和掩码位数，需要根据实际进行修改。

“172.16.1.254”表示 VNFM 虚机 eth1 所在网络平面 ZTE_MANO_NET 的 VLAN 对应的 VLAN IP 地址，需要根据实际进行修改。此 VLAN IP 地址是 ZTE_MANO_NET 在交换机上对应的下一跳地址，需要到 ZTE_MANO_NET 通过的交换机端口上查询。

（3）输入 reboot 命令，重启该虚机。在重启虚机后，相关服务端进程会自动启动。

习题 10

1. 下列对 VNFM 安装文件准备中的 VNFM 模板文件的描述中，正确的是（　　）。
   A. 该文件中定义了 VNFM 的组网方式、虚机规格、网络平面及 IP 地址规划等配置信息
   B. 该文件包含了 NFVO/VNFM 服务器操作系统及双机软件的镜像文件
   C. 该文件包含版本包文件的所有文件列表及各文件的 MD5 校验值
   D. 该文件包含了 MANO 一键开通工具
2. VNFM 版本包最终需要注册到（　　）。
   A. NFVO　　B. VIM　　C. VNFM　　D. NFVI
3. 对比描述 NFVO 和 VNFM 的概念与功能。
4. 在 VNFM 的初始化配置中，需要打通 VNFM 的 MANO 管理平面和 VIM 哪个网络平面的路由？

任务 4.3　部署 5G 核心网的网络功能

扫一扫看 5G 核心网网络功能的部署教学课件

4.3.1　任务描述

5G 核心网的网络功能部署和 VNFM 实例化类似，本任务介绍 5G 核心网网络功能版本的准备与注册，以及 5G 核心网网络功能的蓝图创建、发布与注册，从而实现网络功能部署。

4.3.2　任务目标

（1）了解 5G 核心网网络功能版本的组成；

（2）能完成 5G 核心网网络功能版本的注册；

（3）能完成 5G 核心网网络功能的蓝图创建、发布与注册；

（4）能完成 5G 核心网的网络功能部署。

4.3.3　知识准备

当前 5G 核心网包含 AMF、NRF、NSSF、PCF、SMF、UPF 和 USPP（UDM 和 AUSF 合一部署）7 个网络功能，每个网络功能的版本都包含 image、vnfd、version 3 个部分，如图 4.30 所示。

5GC-image.zip	checksum.lst resource.meta resourceList.json /SoftwareImage
5GC-vnfd.csar	checksum.lst csar.meta /Definitions /TOSCA-Metadata /Scripts /Policies /Configfiles
5GC-version.zip	NFS1.zip NFS2.zip ⋮

图 4.30　网络功能的版本结构

（1）image：创建虚机使用的镜像。

（2）vnfd：部署插件包，包含了虚机部署 info.xml 文件、业务部署 nfservice.json 文件等，该插件包描述了需要部署的虚机、虚机规格大小，以及部署的业务容器及容器实例个数等。

（3）version：包含 5G 核心网的网络功能的版本包和公共组件的版本包。

4.3.4　任务实施

安装流程如图 4.31 所示。

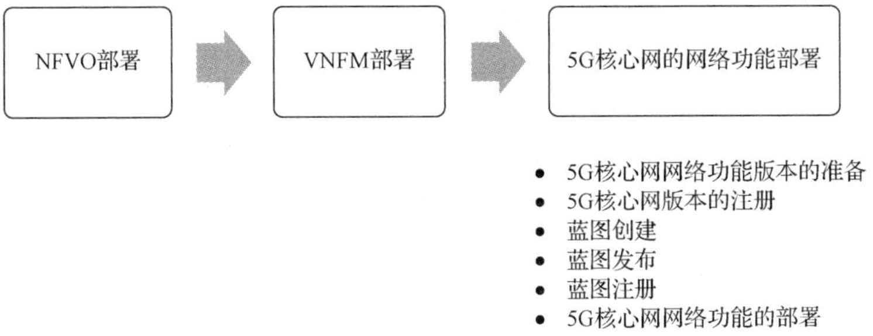

图 4.31　安装流程

1．5G 核心网网络功能版本的准备

在 5G 核心网网络功能部署前，必须先根据 5G 核心网的版本结构获取各网络功能的版本文件。本任务以 ZTE V7.19 系列版本部署为例，信息列表如表 4.7 所示。

表 4.7　5G 核心网 ZTE V7.19 系列版本的信息列表

网络功能	版本类型	版本文件
NF	image	cgsl.v7.19.11.b7.zip
AMF	commons	CommonS_HTTP_LB.v7.19.11.b7.zip
		CommonS_IPS.v7.19.11.b7.zip
		CommonS_OAM.v7.19.11.b7.zip
		CommonS_TMSP.v7.19.11.b7.zip
		CommonS_SIG.v7.19.11.b7.zip
	version	Namf_ResourceManage.v7.19.11.b7.zip
		Namf_NF_MP.v7.19.11.b7.zip
		Namf_MT.v7.19.11.b7.zip
		Namf_EventExposure.v7.19.11.b7.zip
		Namf_Communication.v7.19.11.b7.zip
	vnfd	amf_vnfd.v7.19.11.b7.csar
NRF	commons	CommonS_HTTP_LB_nrf.v7.19.11.b7.zip
		CommonS_IPS.v7.19.11.b7.zip
		CommonS_OAM.v7.19.11.b7.zip
		CommonS_TMSP.v7.19.11.b7.zip
	version	Nnrf_NFManagement.v7.19.11.b7.zip
		Nnrf_NFDiscovery.v7.19.11.b7.zip
	vnfd	nrf_vnfd.v7.19.11.b7.csar
NSSF	commons	CommonS_TMSP.v7.19.11.b7.zip
		CommonS_OAM.v7.19.11.b7.zip
		CommonS_IPS.v7.19.11.b7.zip
		CommonS_HTTP_LB_nssf.v7.19.11.b7.zip
	version	Nnssf_NSSelection.v7.19.11.b7.zip
	vnfd	nssf_vnfd.v7.19.11.b7.csar

续表

网络功能	版本类型	版本文件
PCF	commons	CommonS_HTTP_LB.PCF_V7.19.11.B4.zip
		CommonS_IPS.V7.19.11.B4.zip
		CommonS_OAM.V4.19.11.B7.zip
		CommonS_SIG.PCF_V7.19.11.B4.zip
		CommonS_TMSP.PCF_V7.19.11.B4.zip
	version	Npcf_SMPolicyControl.V7.19.10.B4.zip
		Npcf_Prcp.V7.19.10.B4.zip
		Npcf_PolicyAuthorization.V7.19.10.B4.zip
		Npcf_DiameterAccessPoint.V7.19.10.B4.zip
		Npcf_AMPolicyControl.V7.19.10.B4.zip
		NFS_RCP_DBA.V7.19.10.B4.csar
	vnfd	pcf_vnfd.v7.19.10.b4.csar
SMF	commons	CommonS_HTTP_LB_SMF.V7.19.11.B7.zip
		CommonS_IPS.v7.19.11.b7.zip
		CommonS_OAM.v7.19.11.b7.zip
		CommonS_TMSP.v7.19.11.b7.zip
	version	Nudsf_UnstructuredDataManagement.v7.19.11.b7.zip
		Nsmf_PDUSession.v7.19.11.b7.zip
		Nsmf_NupfManage.v7.19.11.b7.zip
		Nsmf_IPPoolManage.v7.19.11.b7.zip
		Nsmf_EventExposure.v7.19.11.b7.zip
		Nsmf_dap.v7.19.11.b7.zip
		NF_MP_SMF.v7.19.11.b7.zip
		Ncudr_SystemManagement.v7.19.11.b7.zip
	vnfd	smf_vnfd.v7.19.11.b7.csar
UPF	commons	CommonS_TMSP.v7.19.11.B7.zip
		CommonS_OAM.v7.19.11.B7.zip
		CommonS_IPS.v7.19.11.B7.zip
	version	Nupf_PacketForward.v7.19.11.b7.zip
		NF_MP.v7.19.11.B7.zip
	vnfd	upf_vnfd.v7.19.11.b7.csar
USPP	commons	CommonS_TMSP.V7.19.11.B4.zip
		CommonS_SIG.USPP_V7.19.11.B4.zip
		CommonS_OAM.V4.19.11.B7a.zip
		CommonS_IPS.V7.19.11.B4.zip
		CommonS_HTTP_LB.USPP_V7.19.11.B4.zip
		CommonS_DAP.v7.19.10.b7.zip

续表

网络功能	版本类型	版本文件
USPP	version	Nudr_DataManagement.V7.19.10.B3_VNFP_V7.19.11.B4.zip
		Nudm_UEContextManagement.v7.19.10.b7.zip
		Nudm_UEAuthentication.v7.19.10.b7.zip
		Nudm_SubscriberDataMgt.v7.19.10.b7.zip
		Nudm_EventExposure.v7.19.10.b7.zip
		NFS_USPP_DBA.V7.19.10.B7.20190403.zip
		Ncudr_SystemManagement.V7.19.10.B3_VNFP_V7.19.11.B4.zip
		Nausf_UEAuthentication.v7.19.10.b7.zip
		DAP_SPR.v7.19.10.b7.zip
		SDM_HSS.v7.19.10.b7.zip（2G/3G/4G/5G 合一部署时需要）
		SDM_NotifyGw.v7.19.10.b7.zip（2G/3G/4G/5G 合一部署时需要）
		SDM_Provision.v7.19.10.b7.zip（2G/3G/4G/5G 合一部署时需要）
	vnfd	uspp_vnfd.v7.19.10.b7.csar

2. 5G 核心网版本的注册

在 4.3.3 节中，介绍了 5G 核心网网络功能的版本结构，分为 3 类版本，本节介绍 5G 核心网版本注册时，需要将获取的 3 类版本信息导入 NFVO 中，由 NFVO 实现网络功能版本的注册。

（1）导入镜像文件。将 cgsl.v7.19.11.b7.zip 镜像文件放到 FTP /SFTP Server 上，进入 NFVO 的“设计”→“软件仓库”→“虚机镜像”界面，单击“导入”按钮，在弹出的“导入”对话框中设置 FTP/SFTP 服务器参数，如图 4.32 所示，然后单击“提交”按钮，将镜像文件导入 NFVO 中。

图 4.32　镜像文件导入示例

IP 地址和端口：FTP/SFTP 服务器的地址和端口，需要与 Provide 的地址互通。

在导入成功后，显示如图 4.33 所示的导入结果。

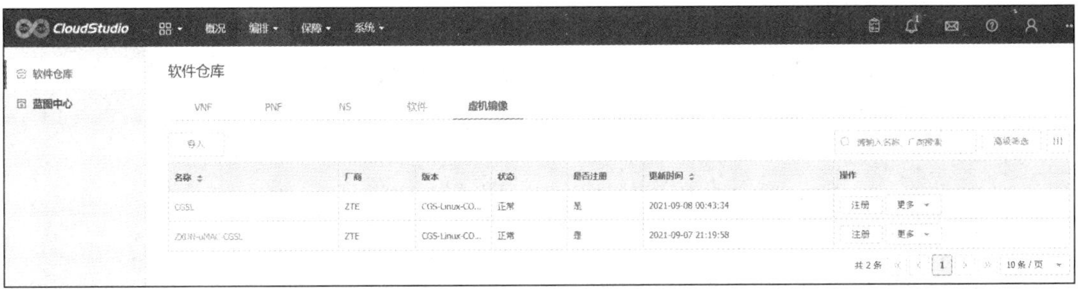

图 4.33　导入结果

选择对应的 VIM，单击“注册”按钮，将镜像注册到 VIM 中。

在注册成功后，在 TECS 的镜像界面中可以看到注册的镜像，如图 4.34 所示。

图 4.34　注册成功

（2）导入 VNFD。将所有网络功能的 nf_vnfd.v7.19.11.b7.csar 文件放到本地或 FTP/SFTP 服务器的某个路径下，进入 VNFO 的“编排”→“软件仓库”→“VNF”界面，单击“导入”按钮，在弹出的“导入”对话框中选中“ftp”或“sftp”单选按钮，输入服务器地址、用户名和密码，以及 csar 包所在服务器的文件路径，然后单击“提交”按钮，将文件导入 VNFO 中。

注意：目前测试局居多，一般使用单机方式部署。制品库提供的 VNFD 默认是双机，如果需要改成单机，则将 VNFD 的 csar 包解压后，修改…_vnfd.v7.19.11.b7\Configfiles\vnfprivate 目录下的所有 JSON 文件，将“min_instances”和“default_instances”修改为 1，或者联系研发支持提供单机版 CSAR。

在完成所有文件的修改后，重新计算 MD5 值，并更新…_vnfd.v7.19.11.B7\checksum.lst 文件中已修改文件的 MD5 值为新计算的值。

将文件夹重新压缩成 ZIP 格式上传到 MANO。

（3）导入 version。进入 VNFO 的“编排”→“软件仓库”→“软件”界面，单击“导入”按钮，在弹出的“导入”对话框中选中“ftp”或“sftp”单选按钮，输入服务器地址、用户名和密码，以及 version 文件所在服务器的路径，然后单击“上传”按钮，将文件导入 VNFO 中。

注意：也可以选择本地文件上传，推荐使用 FTP/SFTP 上传方式，其性能好且不容易出错。

3．蓝图创建

蓝图创建包括网络规划、5G 核心网虚机类型选择、虚机选择和虚机快速创建 4 个步骤。

（1）网络规划。5G 核心网的组网一共需要 4 个网络平面，这 4 个网络平面分别是 MGT_NET、SERVICE_NET、EXT_NET 和 EMS_NET。

① MGT_NET：VNFP 虚机管理平面。

② SERVICE_NET：业务通信控制平面。

③ EXT_NET：网络功能对外通信平面。

④ EMS_NET：OMU（操作维护单元）的管理平面。

在网络功能不共享部署的情况下，每个网络功能都需要独立的 MGT_NET、EXT_NET 和 SERVICE_NET 平面，EMS_NET 可共用，在 TECS 上需手动创建相应的网络平面和子网。

在非共享部署的情况下，规划的网络可参考表 4.8～表 4.11。

表 4.8　MGT_NET 网络平面

网络功能	网络名称	子网名称	IP 地址段	网关地址	VLAN
AMF	ZTE_5G_1_MGT_NET	ZTE_5G_1_MGT_NET_SUB	192.168.101.0/24	192.168.101.1	1001
NSSF	ZTE_5G_2_MGT_NET	ZTE_5G_2_MGT_NET_SUB	192.168.102.0/24	192.168.102.1	1002
NRF	ZTE_5G_3_MGT_NET	ZTE_5G_3_MGT_NET_SUB	192.168.103.0/24	192.168.103.1	1003
PCF	ZTE_5G_4_MGT_NET	ZTE_5G_4_MGT_NET_SUB	192.168.104.0/24	192.168.104.1	1004
SMF	ZTE_5G_5_MGT_NET	ZTE_5G_5_MGT_NET_SUB	192.168.105.0/24	192.168.105.1	1005
UPF	ZTE_5G_6_MGT_NET	ZTE_5G_6_MGT_NET_SUB	192.168.106.0/24	192.168.106.1	1006
USPP	ZTE_5G_7_MGT_NET	ZTE_5G_7_MGT_NET_SUB	192.168.107.0/24	192.168.107.1	1007

表 4.9　SERVICE_NET 网络平面

网络功能	网络名称	子网名称	IP 地址段	网关地址	VLAN
AMF	ZTE_5G_1_SERVICE_NET	ZTE_5G_1_SERVICE_NET_SUB	172.28.101.0/24	172.28.101.1	1051
NSSF	ZTE_5G_2_SERVICE_NET	ZTE_5G_2_SERVICE_NET_SUB	172.28.102.0/24	172.28.102.1	1052
NRF	ZTE_5G_3_SERVICE_NET	ZTE_5G_3_SERVICE_NET_SUB	172.28.103.0/24	172.28.103.1	1053
PCF	ZTE_5G_4_SERVICE_NET	ZTE_5G_4_SERVICE_NET_SUB	172.28.104.0/24	172.28.104.1	1054
SMF	ZTE_5G_5_SERVICE_NET	ZTE_5G_5_SERVICE_NET_SUB	172.28.105.0/24	172.28.105.1	1055
UPF	ZTE_5G_6_SERVICE_NET	ZTE_5G_6_SERVICE_NET_SUB	172.28.106.0/24	172.28.106.1	1056
USPP	ZTE_5G_7_SERVICE_NET	ZTE_5G_7_SERVICE_NET_SUB	172.28.107.0/24	172.28.107.1	1057

表 4.10　EXT_NET 网络平面

网络功能	网络名称	子网名称	IP 地址段	网关地址	VLAN
AMF	ZTE_5G_1_EXT_NET	ZTE_5G_1_EXT_NET_SUB	172.31.101.0/24	172.31.101.1	1061
NSSF	ZTE_5G_2_EXT_NET	ZTE_5G_2_EXT_NET_SUB	172.31.102.0/24	172.31.102.1	1062
NRF	ZTE_5G_3_EXT_NET	ZTE_5G_3_EXT_NET_SUB	172.31.103.0/24	172.31.103.1	1063
PCF	ZTE_5G_4_EXT_NET	ZTE_5G_4_EXT_NET_SUB	172.31.104.0/24	172.31.104.1	1064
SMF	ZTE_5G_5_EXT_NET	ZTE_5G_5_EXT_NET_SUB	172.31.105.0/24	172.31.105.1	1065
UPF	ZTE_5G_6_EXT_NET	ZTE_5G_6_EXT_NET_SUB	172.31.106.0/24	172.31.106.1	1066
USPP	ZTE_5G_7_EXT_NET	ZTE_5G_7_EXT_NET_SUB	172.31.107.0/24	172.31.107.1	1067

表 4.11　EMS_NET 网络平面

网络名称	子网名称	IP 地址段	网关地址	VLAN
ZTE_EMS_NET	ZTE_EMS_NET_SUB	172.27.202.0/24	172.27.202.1	1202

（2）5G 核心网虚机类型选择。虚机类型如表 4.12 所示。其中，OMU 为本地操作维护单元，GSU 为通用业务处理单元，IPU 为接口处理单元，CDU 为云数据存储单元，PFU 为包转发单元。

表 4.12　虚机类型

网络功能	NFS（网络功能服务）	虚机类型
Common	CommonS_DAP	OMU
	CommonS_HTTP_LB	GSU
	CommonS_IPS	IPU
	CommonS_OAM	OMU

续表

网络功能	NFS（网络功能服务）	虚机类型
Common	CommonS_SIG	GSU
	CommonS_TMSP	OMU
AMF	Namf_Communication	GSU
	Namf_EventExposure	GSU
	Namf_MT	GSU
	Namf_ResourceManage	GSU
	Ncudr_SystemManagement	CDU
	Nudsf_UnstructuredDataManagement	CDU
NRF	Nnrf_NFDiscovery	GSU
	Nnrf_NFManagement	GSU
NSSF	Nnssf_NSSelection	GSU
SMF	Nsmf_dap	GSU
	Nsmf_IPPoolManage	GSU
	Nsmf_NupfManage	GSU
	Nsmf_PDUSession	GSU
	Nbsf_Management	GSU
	Nsmf_EventExposure	GSU
	Nsmf_ResourceManage	GSU
	Ncudr_SystemManagement	CDU
	Nudsf_UnstructuredDataManagement	CDU
UPF	vru_upf_packetforward	PFU
	vru_upf_pfcp_managment	RMU
	vru_upf_localdb	CDU
PCF	Npcf_AMPolicyControl	GSU
	Npcf_DiameterAccessPoint （部署该服务，同时需要再部署一个 SIG 服务）	OMU
	Npcf_PolicyAuthorization	GSU
	Npcf_SMPolicyControl	GSU
	NFS_RCP_DBA	OMU
	Ncudr_SystemManagement	CDU
	Nudsf_UnstructuredDataManagement	CDU
USPP	Nausf_UEAuthentication	GSU
	NFS_USPP_DBA	OMU
	Ncudr_SystemManagement	CDU
	Nudm_SubscriberDataMgt	GSU
	Nudm_UEAuthentication	GSU
	Nudm_UEContextManagement	GSU
	Nudm_EventExposure	GSU
	Nudr_DataManagement（包中包含 PDS 和 IDS 两个 NFS）	CDU
	SDM_HSS	GSU
	SDM_Provision	GSU

（3）虚机选择（测试局一般以最小虚机数部署），具体如表 4.13 所示。

表 4.13　虚机选择

测试规格						
网元	虚机	虚机个数/个	vCPU	内存/GB	云盘存储/GB	备注
AMF	OMU	1	4	12	110	
	GSU（AMF-Communication）	1	2	4	30	
	GSU（AMF-MT）	1	2	4	30	
	GSU（AMF-EE）	1	2	4	30	
	GSU（ResourceManage）	1	2	4	30	
	GSU（SIG LB）	1	2	4	30	
	GSU（HTTP LB）	1	2	4	30	
	IPU	1	4	12	30	
	CDU	2	2	8	30	
SMF	OMU	1	8	24	110	
	GSU（IPM）	1	2	4	30	
	GSU（NupfManage）	1	2	4	30	
	GSU（PDUSession）	1	2	4	30	
	GSU（EE）	1	2	4	30	
	GSU（RM）	1	2	4	30	B7 版本无
	GSU（DAP）	1	2	4	30	5G 不部署
	GSU（HTTPLB）	1	2	4	30	
	IPU	1	4	12	30	
	CDU	2	2	8	30	
UPF	OMU	1	8	24	110	
	PFU	1	4	12	50	
	GSU（pfcp_managment）	1	2	4	30	
	IPU	1	4	12	30	
	CDU	2	2	8	30	
NRF	OMU	1	8	24	110	
	GSU（NRF_NFManage）	1	2	4	30	
	GSU（NRF_NFDiscovery）	1	2	4	30	
	IPU	1	4	12	30	
	GSU（SIG LB）	1	2	4	30	
NSSF	OMU	1	8	24	110	
	GSU（Nnssf_NSSelection）	1	2	4	30	
	GSU（HTTPLB）	1	2	4	30	
	IPU	1	4	12	30	

续表

测试规格						
网元	虚机	虚机个数/个	vCPU	内存/GB	云盘存储/GB	备注
PCF	OMU	1	8	24	110	
	GSU（AMPolicyControl）	1	2	4	30	
	GSU（SMPolicyControl）	1	2	4	30	
	GSU（PolicyAuthorization）	1	2	4	30	
	GSU（UserManage）	1	2	4	30	
	GSU（NFS_RCP_DBA）	1	2	4	30	
	GSU（HTTPLB）	1	2	4	30	
	GSU（SIG LB）	1	2	4	30	
	IPU	1	4	12	30	
	CDU	2	2	8	30	
USPP	OMU	1	8	24	110	
	GSU（SubscriberDataMgt）	1	2	4	30	
	GSU（UEContextManagement）	1	2	4	30	
	GSU（UEAuthentication）	1	2	4	30	
	GSU（EventExposure）	1	2	4	30	
	GSU（Provision）	1	2	4	30	
	GSU（ausf_ueauthentication）	1	2	4	30	
	GSU（HLRHSS）	1	2	4	30	
	GSU（HTTPLB）	1	2	4	30	
	GSU（SIG LB）	1	2	4	30	
	IPU	1	4	12	30	
	CDU	3	2	8	30	
	OMP	2	8	32	64	
	OMM	1	2	4	70	

（4）虚机快速创建。虚机快速创建包含通用配置、网元配置及虚机配置 3 部分内容，在所有的版本文件导入后，可以通过快速创建操作生成业务的蓝图。进入 VNFO 的“蓝图中心”界面，单击“快速创建”按钮，打开如图 4.35 所示的界面（以 AMF 为例）。

新包名称、新包版本号、新包提供商根据实际情况进行填写。

基础包：从下拉列表中选择需要创建网络功能对应的基础包。

引用镜像包：选择导入的 CGSL 镜像。

引用业务软件包（可选）：选择所有需要部署的 NF Service。

注意：服务规格要与虚机规格匹配，如果后面的虚机规格使用小规格，则此处的服务规格也需要设置为小规格。

根据此处选择的 NF Service，确定需要部署的虚机类型及个数。OMU 只需要一个（单机），其他虚机类型根据实际部署的 NF Service 需要的虚机类型确认部署的个数［NF Service 与虚机类型的对应关系参考蓝图创建第（2）步的描述］。

选择 NF Service 的样式，举例 AMF 网络功能，其他网络功能服务配置根据蓝图创建的第（2）步进行操作。

① 通用配置。在通用配置中主要配置网络平面，将网络功能规划的 4 个网络平面依次输入即可，以 AMF 为例，其配置如图 4.36 所示。

图 4.35　快速创建界面

图 4.36　网络平面的配置示例

② 网元配置。网元配置实例如图 4.37 所示。

图 4.37　网元配置实例

注意：局号应根据各网络功能的规划进行填写，VNF 实例类型以 INFO 文件中的为准。和 UDM 合一部署的场景中，将 AUSF 和 UDM 合称为 USPP。

③ 虚机配置。这里以 OMU（虚机）配置为例，如图 4.38 所示，相关配置如下。

图 4.38　OMU 配置

虚机规格：分为 S、M 和 L 等规格，根据实际情况部署；小型化选择 S 规格。

虚机初始个数：部署 OMU 虚机的个数，如果 OMU 主备部署，则设为 2；如果单机部署，则设为 1。

虚机最大个数：OMU 虚机最大部署的个数，不管是否主备部署，都填写 2。

硬盘类型：如图 4.39 所示，根据实际情况选择本地硬盘或云盘；小型化选择云盘，云盘类型为 Ceph。

关联网络名称：规划的 MGT_NET 平面的网络名称。

主机 IP 地址列表：根据虚机最大个数填写，IP 地址数量与最大虚机个数一致。

单机的 OMU NET_EMS 平面的主机 IP 地址列表和浮动地址可以使用 3 个相同的地址。

OMU 虚机共使用 3 个网卡，依次填写 MGT_NET、SERVICE_NET 和 EMS_NET，如图 4.40 所示。

图 4.39　硬盘类型

图 4.40　虚拟网卡

启动扩展参数：所有虚机统一设置为启用，如图 4.41 所示。

启动 TECS 私有参数：所有虚机统一设置为不启用，如图 4.41 所示。

图 4.41　扩展参数和 TECS 私有参数

③ 虚机配置。以上完成了 OMU 虚机的所有配置，根据 5G 核心网规划虚机类型选择，依次对所需的虚机进行配置。

a．GSU 配置。

GSU 虚机配置和 OMU 虚机配置一致，请参考 OMU 虚机的配置。

GSU 虚机个数根据各网络功能需要的个数进行设置。

GSU 虚机共使用两个网卡，分别为 MGT_NET 和 SERVICE_NET。

b．LBU 配置。

LBU 虚机配置和 OMU 虚机配置一致，请参考 OMU 虚机的配置。

AMF 的 LBU 虚机初始个数和最大个数设为 2，其他网络功能如果使用负荷分担，则初始虚机个数和最大虚机个数设为 2，否则都设为 1。

LBU 虚机共使用两个网卡，分别为 MGT_NET 和 SERVICE_NET。

c．IPU 配置。

IPU 虚机配置和 OMU 虚机配置一致，请参考 OMU 虚机的配置。

IPU 如果使用负荷分担，则初始虚机个数和最大虚机个数设为 2；否则都设为 1。

IPU 虚机共使用 3 个网卡，分别为 MGT_NET、SERVICE_NET 和 EXT_NET。

d．CDU 配置。

CDU 虚机配置和 OMU 虚机配置一致，请参考 OMU 虚机的配置。

CDU 如果使用主备，则初始虚机个数和最大虚机个数设为 2；否则都设为 1。

CDU 虚机共使用两个网卡，依次填写 MGT_NET 和 SERVICE_NET。

以下虚拟机仅供部署其他网元时使用，这里只作简要介绍。

e．PFU 配置。

PFU 仅在部署 UPF 时配置。

PFU 虚机配置和 OMU 虚机配置一致，请参考 OMU 虚机的配置。

PFU 虚机个数根据实际需要的业务流量情况进行填写。

PFU 虚机共使用 3 个网卡，分别为 MGT_NET、SERVICE_NET 和 EXT_NET。

f．RMU 配置。

RMU 仅在部署 UPF 时配置。

RMU 虚机配置和 OMU 虚机配置一致，请参考 OMU 虚机的配置。

RMU 虚机个数设为 1。

RMU 虚机共使用两个网卡，分别为 MGT_NET 和 SERVICE_NET。

注意：UPF630 版本 RMU 是有 EXT_NET 网络平面的，930 版本没有了，改为在 IPU 上的 EXT_NET 网络平面。

g．LDU 配置。

LDU 仅在部署 UDM 时配置。

LDU 虚机配置和 OMU 虚机配置一致，请参考 OMU 虚机的配置。

LDU 虚机个数设为 1。

LDU 虚机共使用两个网卡，分别为 MGT_NET 和 SERVICE_NET。

4．蓝图发布

单击蓝图草稿，进入蓝图，单击“发布”按钮，将蓝图发布到软件仓库中。以 AMF 为例，蓝图发布如图 4.42 所示。

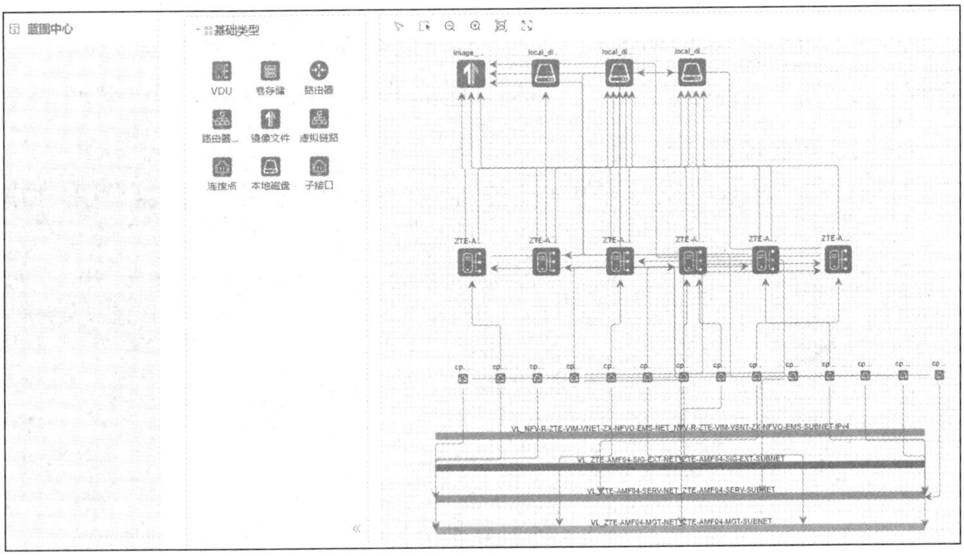

图 4.42　发布蓝图

5．蓝图注册

进入 VNFO 的“编排”→“软件仓库”→“VNF”界面，找到发布的蓝图，以 AMF 为例，未注册的蓝图如图 4.43 所示。

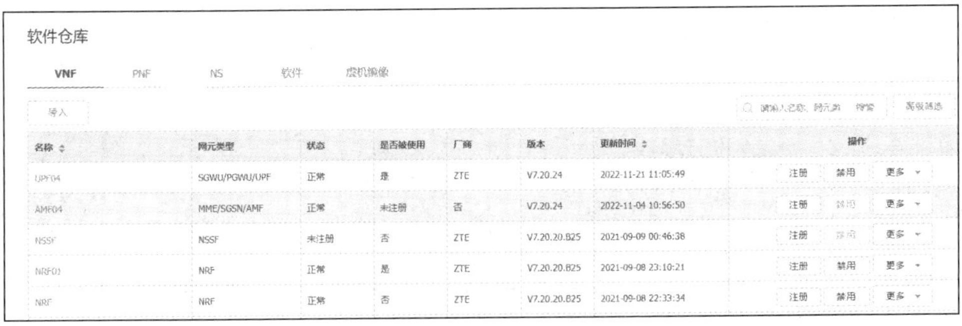

软件仓库

VNF　PNF　NS　软件　虚机镜像

导入

名称	网元类型	状态	是否被使用	厂商	版本	更新时间	操作
UPF04	SGWU/PGWU/UPF	正常	是	ZTE	V7.20.24	2022-11-21 11:05:49	注册　禁用　更多
AMF04	MME/SGSN/AMF	正常	未注册	否	V7.20.24	2022-11-04 10:56:50	注册　更多
NSSF	NSSF	未注册	否	ZTE	V7.20.20.B25	2021-09-09 00:46:38	注册　更多
NRF01	NRF	正常	是	ZTE	V7.20.20.B25	2021-09-08 23:10:21	注册　禁用　更多
NRF	NRF	正常	否	ZTE	V7.20.20.B25	2021-09-08 22:33:34	注册　禁用　更多

图 4.43　未注册的蓝图

单击“注册”按钮注册蓝图，如图 4.44 所示。

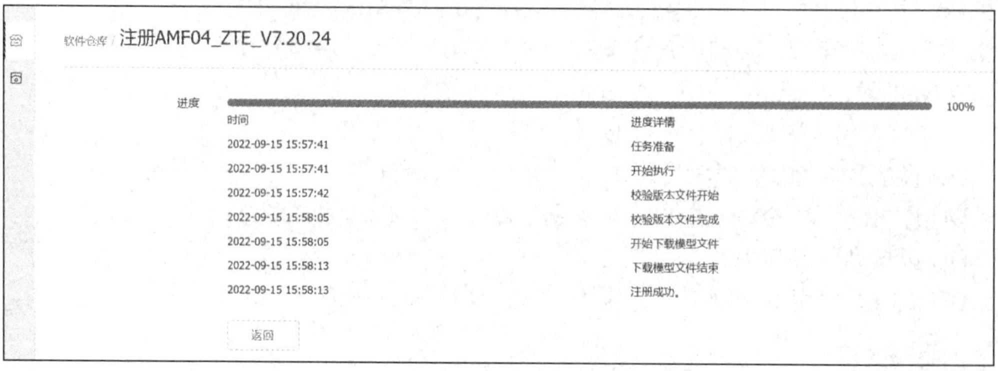

图 4.44　注册蓝图

所有网络功能创建完成后，都需要进行蓝图的发布和注册。

6. 5G 核心网网络功能的部署

5G 核心网网络功能的部署包含单一网络功能部署和 NS 部署两类，具体部署过程如下。

1）单一网络功能部署

进入 VNFO 的“编排”→“蓝图中心”界面，找到需要部署的网络功能蓝图，如图 4.45 所示。

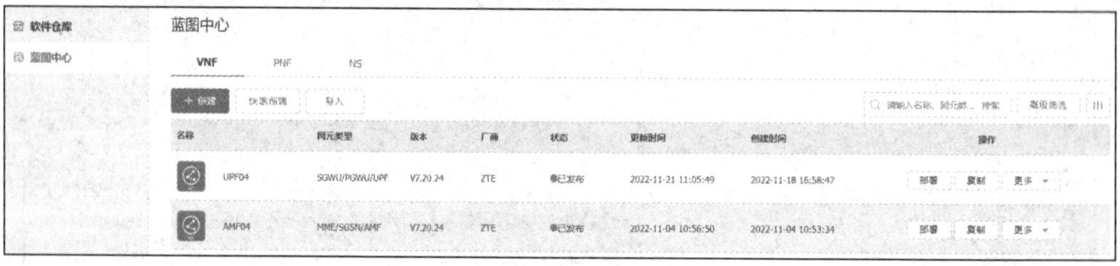

图 4.45　网络功能蓝图

单击“部署”按钮进行部署配置，如图 4.46 所示。

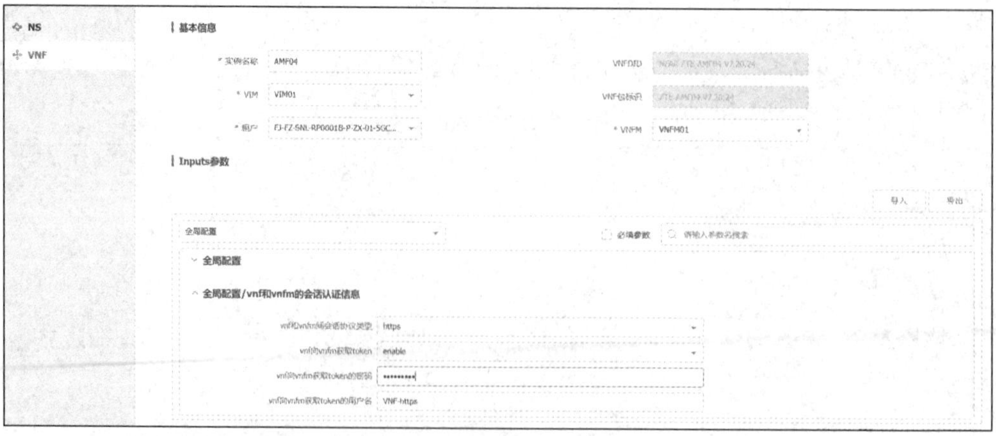

图 4.46　部署配置

其中，实例名称为部署的实例名称。设置 VNFM 时，选择对应的名称。设置租房时，选择 TECS（上一致的）租户。

然后单击“下一步”按钮，进入部署界面。单击“直接部署”按钮，开始部署网络功能，如图 4.47 所示。部署成功后，在“编排”→“VNF”界面中，状态的显示如图 4.48 所示。

图 4.47　实例部署

图 4.48　部署成功

2）NS 部署

（1）创建 NS 蓝图，进入 VNFO 的“编排”→“蓝图中心”→“NS”界面，单击“创建”按钮，创建 NS 的蓝图，具体如图 4.49 所示。

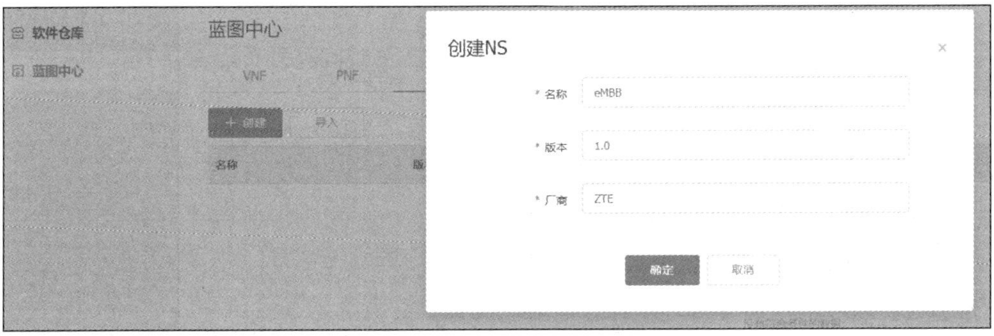

图 4.49　创建 NS 的蓝图

设置完成后，单击“确定”按钮，进入 NS 的蓝图编辑界面，将需要部署的网络功能拖入 NS 中，如图 4.50 所示。

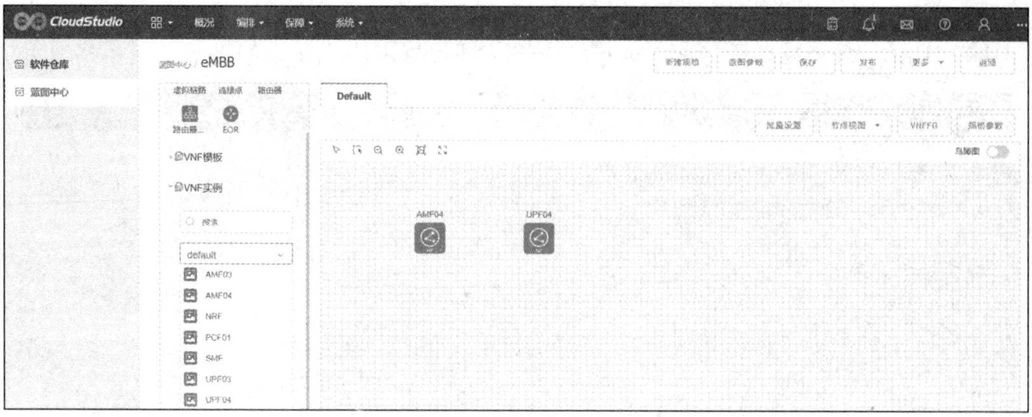

图 4.50　NS 编辑界面

单击“发布”按钮，将蓝图发布到软件仓库中，如图 4.51 所示。

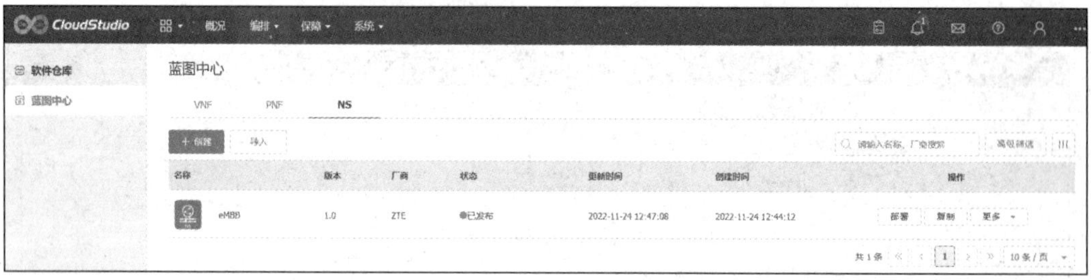

图 4.51　发布蓝图

（2）部署 NS 蓝图，进入 VNFO 的“编排”→“蓝图中心”→“NS”界面，找到需要部署的 NS 蓝图，单击“部署”按钮。选择相应的版本包后，单击“下一步”按钮，输入相关信息。NS 部署示意图如图 4.52 所示。

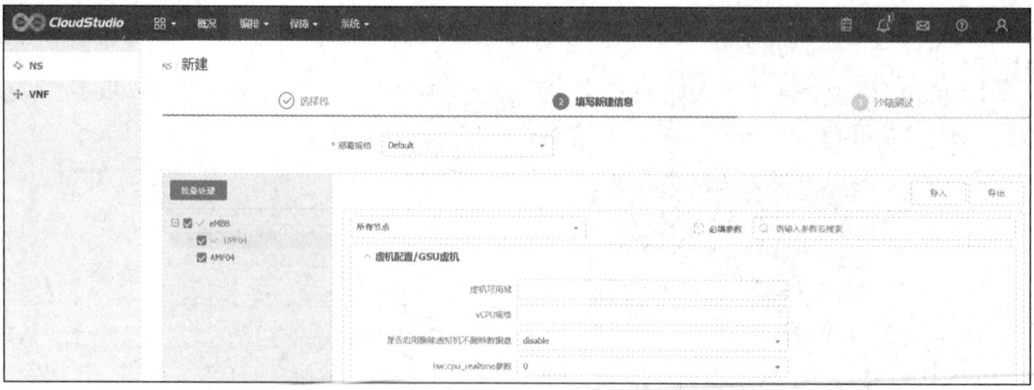

图 4.52　NS 部署示意图

在应用资源区下拉列表中选择需要部署的租户，单击“提交”按钮。

单击“下一步”按钮，再单击“直接部署”按钮，开始 NS 的部署。

NS 部署成功后，在“编排”→“NS”界面中可查看到 NS 的状态。

习题 11

1．下列对 5G 核心网网络中 AMF 的描述中，正确的是（　　）。

A．接入及移动性管理功能，完成用户的移动性管理，维护用户注册及连接状态，NAS SM 信令路由，安全处理等

B．会话管理功能，终结 NAS SM 信令，完成会话管理、UE IP 地址分配及管理，UPF 选择，会话策略控制等

C．统一数据管理，管理和存储用于签约及鉴权的数据

D．用户面功能，完成 PDU 会话用户面的数据转发

2．5G 核心网的 VNF 最终需要注册到（　　）。

A．NFVO　　B．VIM　　C．VNFM　　D．NFVI

3．概述 5G 核心网控制平面采用的基于服务的架构 SBA 的概念与作用。

项目5

5G 业务实现

项目概述

5G 核心网是基于 SBA（Service-Based Architecture）的全新核心网，将控制面的网络功能与用户面的功能全面解耦，实现服务化组网及网络功能的即插即用，使网络变得非常敏捷，快速部署满足客户业务需要的功能，本项目主要介绍 5G 业务应用。

学习目标

（1）掌握 5G 三大应用场景及其特征；

（2）掌握 5G 网络切片的技术及实现；

（3）了解 5G 典型业务的流程。

4G 催生了移动宽带，大大提升了移动互联网的用户体验。通信技术从传统的仅满足用户的语音、消息类通信需求，逐渐升级为满足用户的视频、游戏、金融等生活需求，移动互联网成为生活中不可或缺的部分。随着移动互联网的爆发，越来越多新的应用形式［包括高清、超高清和 VR（Virtual Reality，虚拟现实）/AR（Augmented Reality，增强现实）等］不断涌现，移动互联网的流量大增。同时，随着共享自行车、视频监控等应用的蓬勃发展，窄带物联网已经无法满足物联网业务的发展需求，网络带宽和连接数亟待进一步扩展。此外，车联网、工控网络的发展对移动网络延迟提出了更为严苛的要求，要求网络提供可以与光纤媲美的延迟体验，对大带宽、大连接、低延迟的下一代移动通信网络的需求越来越强烈。与此同时，随着国内运营商们提出的通信 4.0 的推进，信息技术与通信技术深度融合，越来越多的信息技术（包括云计算、虚拟化等）将不断为通信技术所用，促进传统通信网络向软件化、服务化转型。此外，人工智能迅猛发展，不断向网络领域渗透，使网络的智能化成为可能，推动了 5G 核心网业务的不断发展。

扫一扫看 5G 应用场景微课视频　　扫一扫看本任务教学课件

任务 5.1　了解 5G 应用场景

5.1.1　任务描述

本任务介绍 5G 的 eMBB、mMTC 和 uRLLC 三大应用场景。

5.1.2　任务目标

（1）描述 eMBB 业务场景的典型应用；
（2）描述 mMTC 业务场景的典型应用；
（3）描述 uRLLC 业务场景的典型应用；
（4）描述 5G 应用的商业模式。

5.1.3　知识准备

1. 5G 应用场景

3GPP 定义了 5G 应用场景的三大方向——eMBB、mMTC、uRLLC，国际电信联盟对 5G 应用场景的划分和性能要求如图 5.1 所示，同时规定了 5G 网络的性能要求，如峰值速率达 20 Gbit/s、连接数密度达 100 万/km^2、支持移动速率达 500 km/h、空口时延达 1 ms 等，其在很多方面远远超过目前的 4G 网络能力。

eMBB 主要用于 3D/超高清视频等大流量移动宽带业务，如图 5.2 所示。

AR 技术：AR 技术是计算机在现实影像上叠加相应的图像技术，利用虚拟世界套入现实世界并与之进行互动，达到“增强”现实的目的。

VR 技术：VR 技术是在计算机上生成一个三维空间，并利用这个空间提供给使用者关于视觉、听觉、触觉等感官的虚拟，让使用者仿佛身临其境的技术。

mMTC 主要用于大规模物联网业务，如图 5.3 所示。IoT（Internet of Thing 物联网）应用是 5G 技术所瞄准的发展主轴之一，而网络等待时间的性能表现，将成为 5G 技术能否在物联网应用市场上“攻城略地”的重要衡量指针。智能水表、电表的数据传输量小，对网络等待时间的要求也不高，使用 NB-IoT 相当合适。但对于某些攸关人身安全的物联网应用，如与医院联机的穿戴式血压计，网络等待时间就显得非常重要，采用 mMTC 是比较理想的选择。而这些分散在各垂直领域的物联网应用，正是 5G 生态圈形成的重要基础。

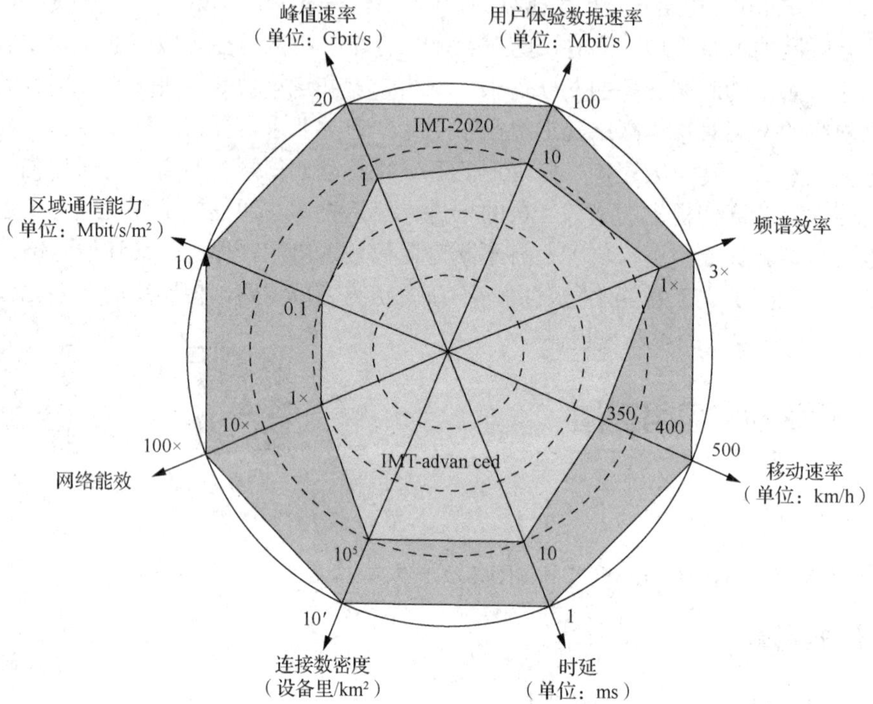

移动通信系统	指标名称							
	流量密度	连接数密度	空口时延/ms	移动速率/（km/h）	能效	用户体验速率	频谱效率	峰值速率/（Gbit/s）
4G参考值	0.1Mbit/s/m²	10万/km²	10	350	1倍	10Mbit/s	1倍	1
5G取值	10Tbit/s/km²	100万/km²	1	500	100倍提升	0.1～1Gbit/s	3倍提升	20

图 5.1　国际电信联盟对 5G 应用场景的划分和性能要求

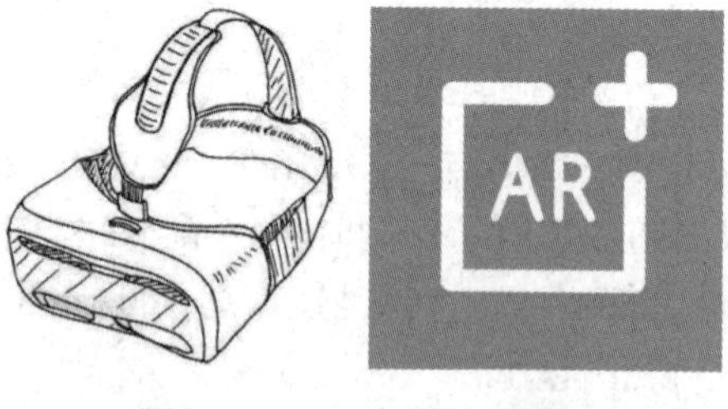

图 5.2　eMBB 的典型应用

图 5.3　mMTC 的典型应用

在 4G 技术定义初期，并没有把物联网的需求纳入考虑，因此业界后来又发展出 NB-IoT，以补上这个缺口。5G 则与 4G 不同，在标准定义初期，就把物联网应用的需求纳入考虑，并制定出对应的 mMTC 技术标准。不过，目前还很难断言 mMTC 是否会完全取代 NB-IoT，因为 mMTC 与 NB-IoT 虽然在应用领域上有所重合，但 mMTC 会具备一些 NB-IoT 所没有的特性，反之亦然。例如，极低的网络等待时延，就是 NB-IoT 所没有的特性。

uRLLC 主要用于如无人驾驶、工业自动化等需要低时延、高可靠连接的业务，如图 5.4 所示。uRLLC 主要满足人—物连接需求，对时延要求低至 1ms，可靠性高至 99.999%。uRLLC 主要应用包括车联网的自动驾驶、工业自动化、移动医疗等高可靠性应用。uRLLC 超高可靠性、超低时延通信场景将稳步推进。uRLLC 主要针对无人驾驶等低时延的业务需求，目前基于 LTE-V2X 的技术尚在研发当中，包括关于无人驾驶涉及安全、法律许可等问题。同时，工业机器人等对实时性要求较高的应用也对 uRLLC 有需求，3GPP 关于低时延的应用场景的标准化也在稳步推进。部分应用对时延和可靠性的要求如下。

远程控制：时延要求低，可靠性要求低。

工厂自动化：时延要求高，可靠性要求高。

智能管道抄表等管理：可靠性要求高，时延要求适中。

过程自动化：可靠性要求高，时延要求低。

车辆自动指引/智能交通系统/触觉 Internet：时延要求高，可靠性要求降低。

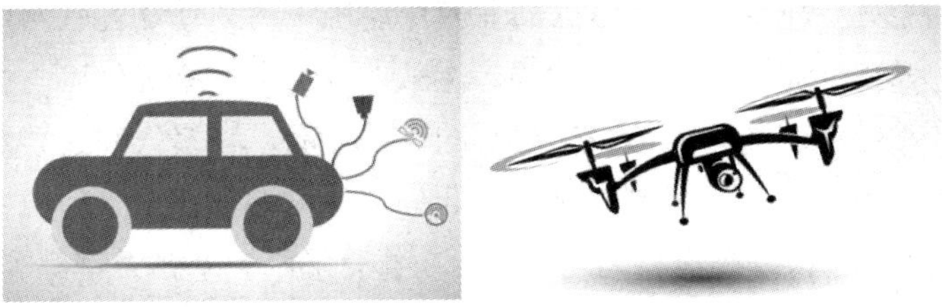

图 5.4　uRLLC 的典型应用

在 4G 时代，运营商进入流量经营阶段，移动的流量拉动了运营商利润的增长，但是随着不限量套餐的推出，运营商加速落入流量陷阱，亟需寻找新的发展契机，如图 5.5 所示。而商业模式创新不仅能为企业带来持久的竞争优势，也能提供持续的收入增长，因此 5G 商业模式是一个创造和满足客户需求的过程。

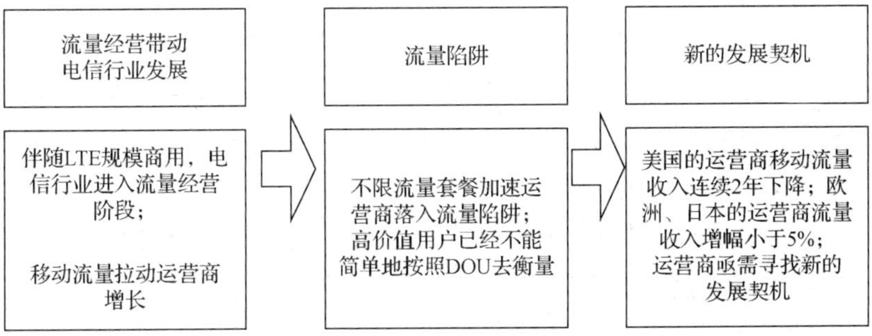

图 5.5　运营商流量陷阱问题

由于不同场景有不同的业务需求，所以 5G 网络通过切片化手段将满足的切片形成可定制、可交付、可测量、可计费的商品，提供给行业。当前 4G 不限流量套餐的经营方式颠覆了价值客户的分级模式，而 5G 要实现网络价值变现，不可能再沿用流量套餐方式，那么通过提供不同程度定制化的、不同服务等级的切片，以切片运营的方式，建立新的价值客户分级模式。

从现有资源的利用角度，运营商需要发挥其网络资源优势，云端把握整体智能化，边缘云专注解决贴近用户侧的实时处理和分析类业务，实现边云协同深入拓展业务价值。

信息技术、人工智能和移动通信等新科技的融合创新催生了 5G 技术。5G 将开启万物互联的新时代，但基于现有传统的商业模式，5G 网络技术升级的高成本和低收益会让运营商望而却步。当前，对于以个人用户为主的电信运营商来说，传统的商业模式正遇到瓶颈，而全新的商业图景若隐若现。

2．5G 三大需求

目前，从不同出发点归纳出 5G 的三大需求，在不同需求中可以看出新的商机。

1）用户需求

移动互联网和物联网是未来信息通信技术产业的主要发展方向。在未来，无线将成为连接的主要方式，用户对移动通信的期望会更高，用户需求会更加多样化。移动互联网主要以人的需求为本，更注重用户的体验质量。随着移动终端媒体交互能力的不断增强，高清/超高清移动视频、3D 视频、VR/AR 等丰富的商业应用层出不穷。移动互联网用户希望获得身临其境的视听效果，享受实地感受的商业体验，这就要求 5G 网络提供可与光纤媲美的接入速率。同时，用户还期望 5G 网络能够带来实时的在线体验，在多人在线游戏、远程视频通话等业务中，用户希望感知不到任何网络延迟。此外，移动通信在未来的应用场景也将越来越广泛。在高铁、汽车、地铁等高速移动环境中，在体育场、大型露天集会等超高密度场景中，移动互联网用户希望获得一致的服务体验，这就需要 5G 网络在这些特殊的场景中可以提供同样出色的服务。相对于移动互联网，物联网引入了物与物、物与人的联系。大量的行业应用正在出现。与人—人通信相比，物联网业务对海量设备连接和差异化服务体验提出了新的需求。物联网的快速发展要求 5G 网络能够将所有应用、服务和设备连接在一起，如人、物、过程、内容、知识、信息、商品等，未来不再是单一的连接。随着行业应用的大量涌现，多样化的业务应用需要 5G 网络支持范围广泛、性能要求完全不同的服务，需要满足不同行业的差异化需求。多种连接方式的实现和各种行业应用的扩展将刺激连接设备数量的快速增长，这就要求 5G 网络提供超大容量和大规模的设备连接。无论是移动互联网还是物联网，用户在成本、安全、功耗等方面都提出了相同的要求。用户在不断追求高品质的商业体验的同时，也期待着通信成本的下降，希望 5G 可以提供性价比更高的服务。用户在使用移动支付、医疗保健、安全驾驶等应用的同时，希望 5G 移动通信的安全性更高、可靠性更强。同时基于可持续发展的重大使命和战略要求，5G 网络需要为人们创造绿色环境，持续增强终端续航能力，持续降低终端功耗。

2）业务需求

下一代移动通信网络将进入超连接时代，移动通信服务和应用形式将彻底改变。除传统的语音、短信、数据通信外，大量的新型服务和 App 层出不穷。未来 5G 的主要服务可以分为移动互联网服务和物联网服务两大类。基于 3GPP 的服务分类，移动互联网服务可以分为流媒体类、会话类、交互类、传输类和消息类，物联网服务主要分为采集类和控制类。随着移动终端媒体传输能力的不断增强，流媒体和会话服务将在超高清、3D 领域继续发展。例如，高清视频和 VR 等服务对 5G 网络提出了更高的挑战，要求更高的用户体验速率，又如，12K（2D）的未压缩视频传输速率为 50Gbit/s，经过压缩后，其传输速率需要达到 250Mbit/s，而且要求更低的时延。交互类服务的应用范围也将继续扩大，如网络游戏、AR、云桌面等。这些商业应用需要大数据交互，需要实时高清视频交互，挑战上行和下行用户的传输速率，需要快速响应，实现无用户延时体验。类似云存储的传输服务和 OTT（运营商之外的第三方服务商通过互联网向用户提供各种应用服务）在未来也将成为主流应用。这一趋势给 5G 网络带来的挑战主要体现在大数据传输、高流量密度和信令开销方面，需要 5G 网络能够达到光纤的速度体验，满足密集场景中产生的巨大流量。未来物联网业务应用丰富多样，业务特点差异较大，需要 5G 网络满足其差异化需求。低速率数据的采集服务（如智能抄表），需要支持大规模连接的设备，此类终端成本低、功耗低、传输的小数据包数量多。对于高速率数据收集服务（如视频监控），则对 5G 网络上行传输速率和密集场景中的流量密度提出了更高的要求。对于对延迟敏感的控制服务，如车联网，其高速移动功能要求毫秒级延迟和几乎 100% 的可靠性。

3）运营商需求

传统的网络运营是被动式运营，通常当网络发生故障、出现拥塞等场景时，通过网络的监控告警等信息，进行网络设备的更换等。5G 支持超大连接、超高带宽、超低时延。在 5G 时代，传统的被动式运营已不能满足发展需求，高速的网络、海量的业务迫使 5G 时代下的运营商们实现自动化运维。

习题 12

1．下列应用属于 5G 海量机器通信 mMTC 的是（　　）。

A．自动驾驶　　B．VR　　C．大视频　　D．智能抄表

2．5G 网络的愿景是（　　）。

A．面向高速率　　B．面向万物互联

C．面向高可靠性　　D．面向多样化应用

3．描述以下技术概念。

（1）eMBB 业务场景的典型应用。

（2）mMTC 业务场景的典型应用。

（3）uRLLC 业务场景的典型应用。

（4）5G 面对的商业模式。

要求：分组讨论；使用 PPT 制作演示材料；能够清楚描述相应的概念。

任务 5.2 网络切片实现

扫一扫看本任务
教学课件

5.2.1 任务描述

本任务介绍 5G 网络切片的关键技术和实现 5G 核心网网络切片业务的配置。

5.2.2 任务目标

（1）能掌握 5G 核心网网络切片的关键技术；
（2）能在 5G 核心网中完成网络切片业务的配置。

5.2.3 知识准备

5G 时代，通信网络实现了从人—人连接到万物连接，连接数量成倍上升，业务多样化，且要求灵活部署，网络必将越来越拥堵、越来越复杂，就必须对网络实行分流管理，即实现网络切片。下面从网络切片概念入手分别介绍网络切片的架构和关键技术等，学习完后，大家可掌握网络切片技术并理解网络切片的意义。

1. 网络切片的概念及架构

为了更好地理解网络切片，下面举例说明。

从运维管理角度来看，可以把 5G 网络假想为交通系统，车辆是用户，道路是网络。随着车辆的增多，城市道路会变得拥堵不堪。为了缓解这种情况，交通部门会根据车辆和运营方式的不同进行分流管理，如设置快速公交系统、非机动车专用通道等，所以 5G 网络也需要这样的专用通道进行分类管理，即网络分类管理。

从业务应用角度来看，传统 2G/3G/4G 网络实现单一业务需求，网络就像混凝土盖房子，一旦建立完成，后续拆改建的难度就较大。而 5G 实现的是多样性的业务，网络业务能够像搭积木一样灵活部署，方便根据用户需求进行新业务快速上下线。

综上所述，5G 网络“要有分类管理，要能灵活部署”，于是网络切片这一概念应运而生。

网络切片是一种按需组网的方式，可以让运营商在统一的基础设施上切出多个虚拟的端到端网络。在一个端到端的网络切片内，至少包括无线子切片、承载子切片和核心网子切片，每个虚拟网络切片从无线接入网到承载网再到核心网在逻辑上隔离，适配各种类型的业务应用。任何一个虚拟网络发生故障都不会影响其他虚拟网络。切片网络架构如图 5.6 所示。

如图 5.6 所示，网络切片实例是为满足一定的业务实例需求而创建的完整逻辑网络，由一组网络功能和对应的资源组成，资源包括物理资源或逻辑资源。

网络切片实例具备隔离性，可以是全部或部分、逻辑或物理地与其他网络切片实例相隔离。

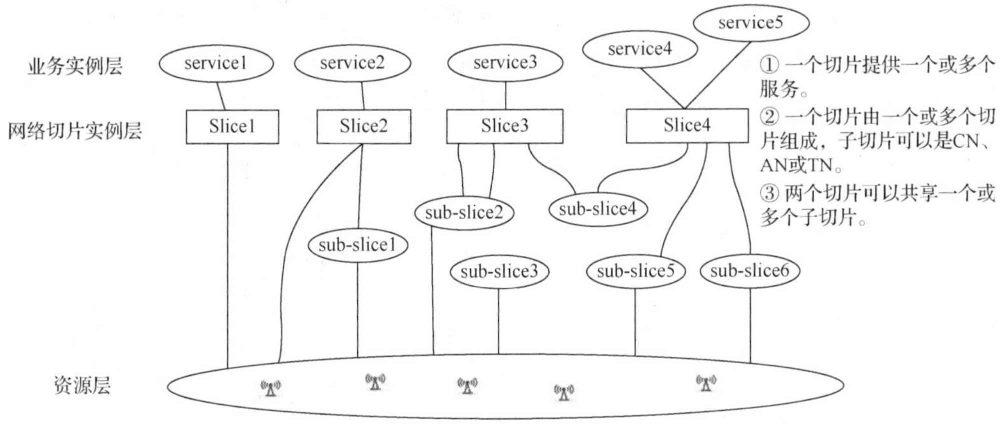

图 5.6　切片网络架构

网络切片有如下特点。

（1）最优化，根据业务场景需求对所需的网络功能进行定制化裁剪和灵活组网，实现业务流程和数据路由的最优化。由于每个切片都是根据该服务或使用该切片的服务所需要的交付复杂性进行定制的，所以切片网络还允许更深入地了解有关网络资源的利用情况。

（2）动态性，网络切片能够满足用户的动态需求，如用户临时提出某种业务需求，网络具有动态分配资源的能力，从而提高网络资源的利用率。

（3）安全性，网络切片可以将当前某个业务应用的网络资源与其他业务应用的网络资源区分开、隔离开，每个分片的拥塞、过载、配置的调整不影响其他分片。增强整体网络的健壮性和可靠性，在保证当前业务质量的同时，也提供了可靠的安全保护机制。

（4）弹性，业务需求和用户数量可能出现动态变化，网络切片需要弹性和灵活的扩展，如必要时可以将一个网络切片与其他网络切片进行融合，以便更灵活地适配用户动态的业务需求。对于用户而言，这种弹性的使用方式还使根据使用量计费成为可能。

5G 网络切片利用虚拟化技术，将 5G 核心网物理基础设施资源根据场景需求虚拟化为多个相互独立的、平行的虚拟网络切片。这种连接服务通过定制软件实现功能定义，这些软件功能包括地理覆盖区域、持续时间、容量、速度、延迟、可靠性、安全性和可用性等。每个网络切片按照业务场景的需要和话务模型进行网络功能的定制裁剪及相应网络功能的编排管理。一个 5G 核心网网络切片可以被视为一个实例化的 5G 核心网网络架构，在一个网络切片内，运营商还可以进一步对虚拟资源进行灵活分割，从而实现“按需组网”。

5G 核心网网络切片架构的目标：一个 UE 能够同时支持 1～8 个网络切片。5G 核心网网络切片由网络功能构建而成，考虑到如果所有网络切片都采用完全独立的网络功能，那么需要的资源实在太大，网络的性价比会很低，因此网络功能在切片间需要根据实际情况进行共享，以满足资源效率提升的需求，主要有以下 3 种切片模式。

模式 1：安全隔离要求高、成本敏感度低，如远程医疗、工业自动化，如图 5.7（a）所示，不同切片采用完全独立的网络功能，控制面和用户面网络功能都不共享。

模式 2：安全隔离要求相对低，终端要求同时接入多个切片，如辅助驾驶、车载娱乐等，如图 5.7（b）所示，不同切片的部分控制面网络功能共享，用户面网络功能不共享。

模式 3：安全隔离要求低，成本敏感，如视频监控、手机视频、智能抄表，如图 5.7（c）所示，不同切片的所有控制面网络功能共享，用户面网络功能不共享。

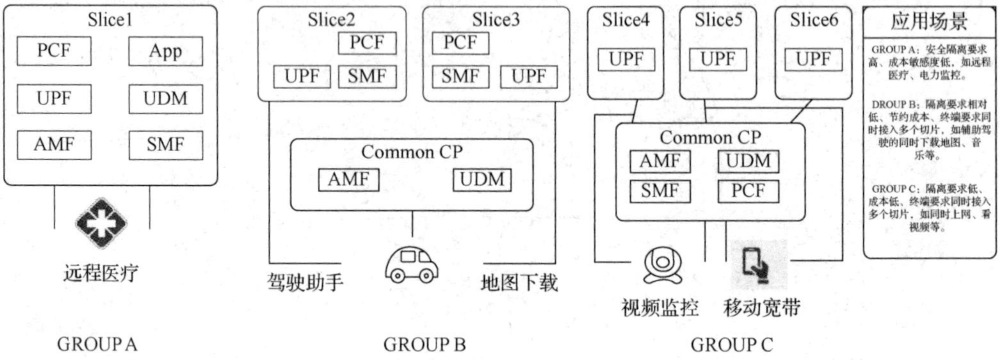

（a）控制面和用户面网络功能都不共享　（b）部分控制面网络功能共享，用户面不共享　（c）所有控制面网络功能共享，用户面不共享

图 5.7　5G 核心网网络切片共享机制

2．网络切片的关键技术

5G 网络切片的关键技术包含切片定义、切片信息存储与签约、切片选择 3 个部分。

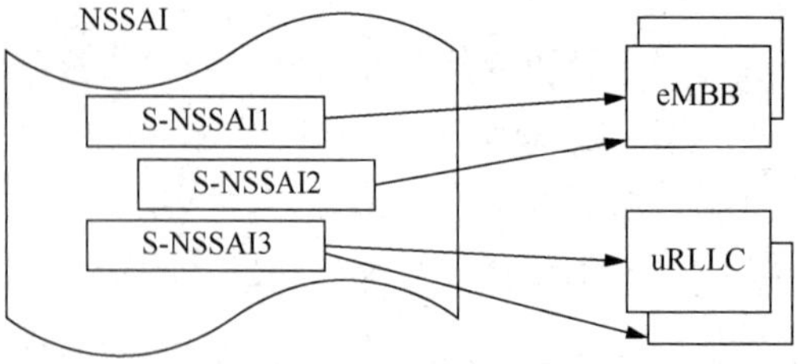

图 5.8　S-NSSAI 切片业务标识

1）切片定义

S-NSSAI 标识一种切片，如 eMBB、uRLLC 等。同一个 S-NSSAI 可以部署多个切片实例，一个切片实例也可以服务多个 S-NSSAI，如图 5.8 所示。

在图 5.8 中，NSSAI 是 S-NSSNI 的集合。5G 网络中使用到的 NSSAI 有如下 3 种场景。

（1）Requested NSSAI：UE 期望使用的 NSSAI，是 UE 在注册流程中提供给网络侧的，最多包括 8 个 S-NSSAI。

（2）Allowed NSSAI：服务 PLMN（Public Land Mobile Network，公共陆地移动网）在注册等流程中提供的给 UE 的，指示 UE 在服务 PLMN 当前接入模式，当前注册区域可以使用的 S-NSSAI 值，最多包括 8 个 S-NSSAI，UE 本地保存。

（3）Configured NSSAI：适用于一个或多个 PLMN 的 NSSAI，AMF 在注册接受或配置更新命令等消息中下发给 UE，最多包括 16 个 S-NSSAI，UE 本地保存。

S-NSSAI 由 SST（Slice/Service Type，切片服务类型）和 SD（Slice Differentiator，切片差异）两部分组成，如图 5.9 所示。SST 和 SD 两部分结合起来表示切片类型及同一切片类型的多个切片。例如，S-NSSAI 取值为 0x01000000、0x02000000、0x03000000 分别表示 eMBB 类型切片、uRLLC 类型切片、MIoT（Massive Internet of Things，大规模物联网）类型切片，而 S-NSSAI 取值为 0x01000001、0x01000002 则表示 eMBB 类型切片，可分别服务于用户群 1 和用户群 2。

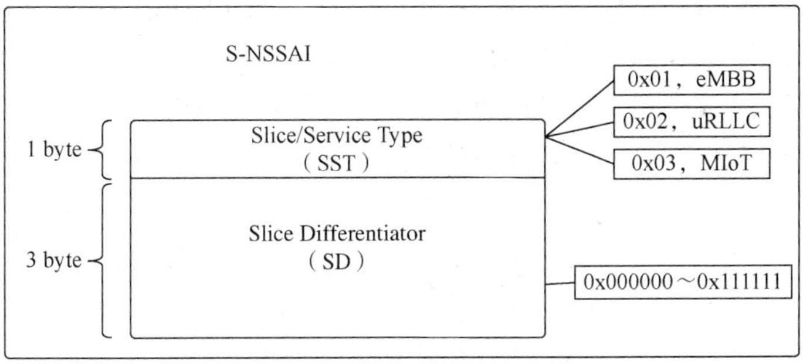

图 5.9 S-NSSAI 结构

SST：在特性和服务方面预期的网络切片行为。SST 的标准取值范围为 1、2、3，取值为 1 表示 eMBB，取值为 2 表示 URLLC，取值为 3 表示 MIoT。

SD：一个可选信息，用来补充 SST 以区分同一个切片/业务类型的多个网络切片。

2）切片信息存储与签约

网络切片配置信息包含一个或多个已配置的 NSSAI。配置的 NSSAI 可以由服务 PLMN 配置并应用于服务 PLMN，或者可以是由 HPLMN 配置的默认的 NSSAI。在终端 UE 上，可以预置或网络侧业务更新时获取 Configured NSSAI，每个 PLMN 至多一个 Configured NSSAI（特定的或公共的）。

UDM/UDR 为每个 UE 签约支持的 NSSAI，将 NSSAI 信息并存储在 UDR 中，PCF 为 UE 提供每个 App 的 NSSP（Network Slice Selection Policy，网络切片选择策略），具体如图 5.10 所示。

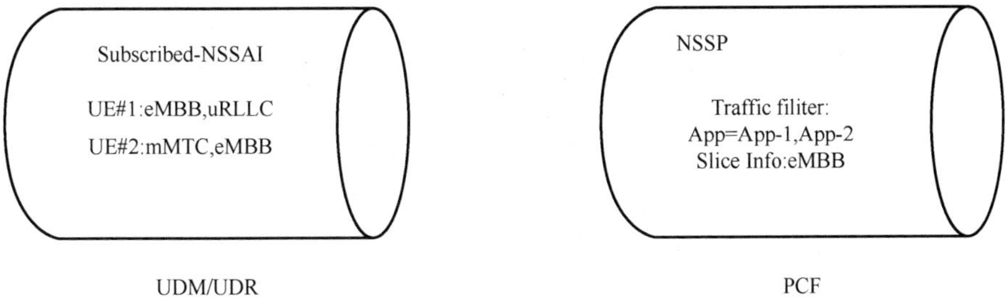

图 5.10 5G 切片信息的签约与存储

NSSP 是由 PCF 将 NSSP 作为 URSP（UE Route Selection Policy，UE 路由选择策略）规则的一部分通过 AMF 发放给 UE 的，UE 用来关联 App ID 和 S-NSSAI，如图 5.11 所示。

NSSP		
Rule	App	S-NSSAI
Default rule		0x11
Rule 1	App-A	0x11
Rule 2	App-B	0x12
Rule 3	App-C	0x13
……	……	……

图 5.11 NSSP 示意图

3）切片选择

（1）UE 注册时的切片选择机制：当 UE 通过 PLMN 在接入类型上注册时，如果该 PLMN 的 UE 具有针对该 PLMN 的配置的 NSSAI 并且接入类型具有允许的 NSSAI，则 UE 将向 AS 层和 NAS 层中的网络提供请求的 NSSAI。除了 5G-S-TMSI（如果一个被分配给 UE），还应包含与 UE 希望注册网络相对应的 S-NSSAI。如图 5.12 所示，UE 保留了 NSSP，如果 UE 希望仅从配置的 NSSAI 或允许的 NSSAI 注册 S-NSSAI 的子集，则能够注册某些网络切片。例如，为某些应用程序建立 PDU 会话，并且 UE 在 URSP 中具有 NSSP，然后 UE 使用 URSP 中的 NSSP 来确保请求的 NSSAI 中包含的 S-NSSAI 与 URSP 中的 NSSP 不冲突。

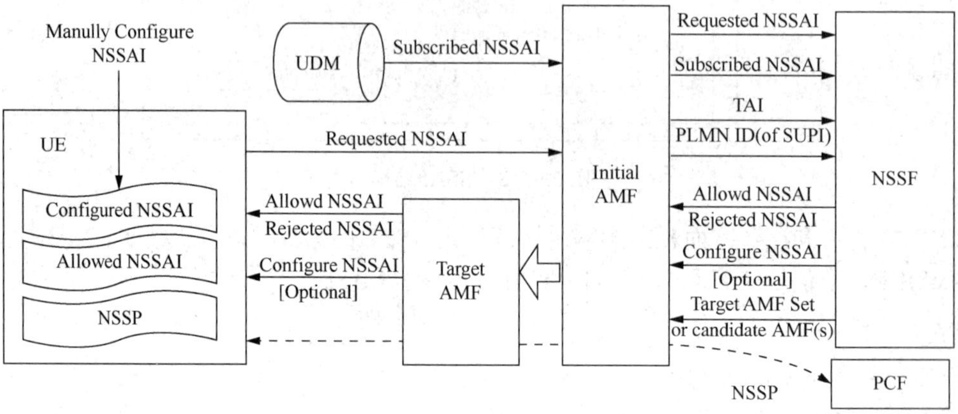

图 5.12　注册时的切片选择机制

UE：根据 Allowed NSSAI 或 Configured NSSAI 计算 Requested NSSAI，优先使用 Allowed NSSAI。

AN：使用 Requested NSSAI 选择 AMF，或者选择默认的 AMF（Initial AMF）。

Initial AMF：将 Requested NSSAI 和 Subscribed NSSAI 发送给 NSSF，并选择目标 AMF。

NSSF：计算 Allowed NSSAI 返回给 UE，并选择目标 AMF。根据策略可选计算 Configured NSSAI。

（2）UE 会话建立时切片的选择机制：从网络切片中的 PDU 会话建立，到 DN 进行数据传输。PDU 会话与 S-NSSAI 和 DNN 相关联。通过在 PLMN 中注册并且已获得相应的允许 NSSAI 的 UE，应在 PDU 会话建立过程中根据 URSP 中的 NSSP 指示 S-NSSAI（如果可用），则指示 PDU 会话的 DNN。UE 包括允许的 S-NSSAI，并且如果提供了允许的 NSSAI 到 HPLMN S-NSSAI 的映射，则具有来自该映射的对应值的 S-NSSAI。如果 URSP（包括 NSSP）在 UE 中不可用，则 UE 不应在 PDU 会话建立过程中指示任何 S-NSSAI。具体具体切片选择如图 5.13 所示。

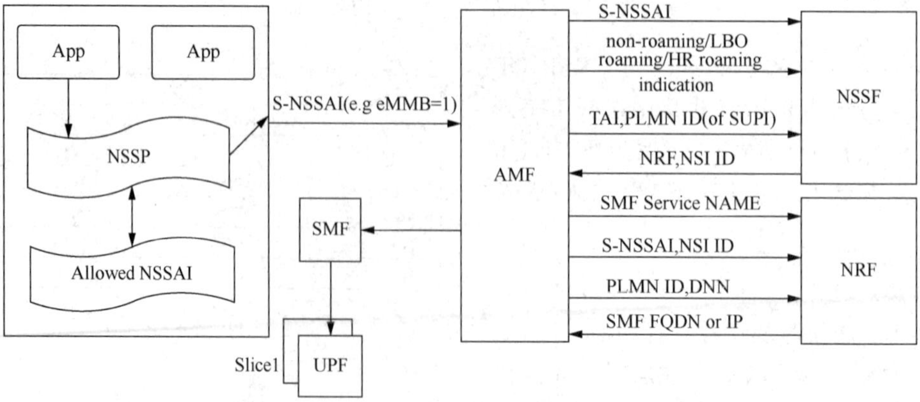

图 5.13　UE 会话建立时切片的选择机制

UE：在会话建立时，根据 App 的信息在 NSSP 中选择合适的 S-NSSAI，并且在 Allowed NSSAI 中检测是否存在。

AMF：通过 NSSF/NRF 选择服务 S-NSSAI 的切片实例 ID（NSI ID），以及在切片中选择合适的 SMF 实例（FQDN 或 IP）。

SMF：结合 S-NSSAI/NSI、DNN 等选择 UPF。

（3）漫游下的切片选择机制：对于漫游场景，如果 UE 仅使用标准 S-NSSAI 值，则可以在 VPLMN 中使用与 HPLMN 中相同的 S-NSSAI 值。如果 VPLMN 和 HPLMN 具有 SLA 用以支持 VPLMN 中的非标准 S-NSSAI 值，则 VPLMN 的 NSSF 将订阅的 S-NSSAI 值映射到要在 VPLMN 中使用的相应 S-NSSAI 值。要在 VPLMN 中使用的 S-NSSAI 值由 VPLMN 的 NSSF 基于 SLA 确定。VPLMN 的 NSSF 不需要通知 HPLMN 在 VPLMN 中使用了哪些值。对于归属路由的情况，V-SMF（拜访地会话管理功能）将 PDU 会话建立请求消息与具有在 HPLMN 中使用的值的 S-NSSAI 一起发送到 H-SMF（归属地会话管理功能）。漫游下的切片选择机制如图 5.14 所示。

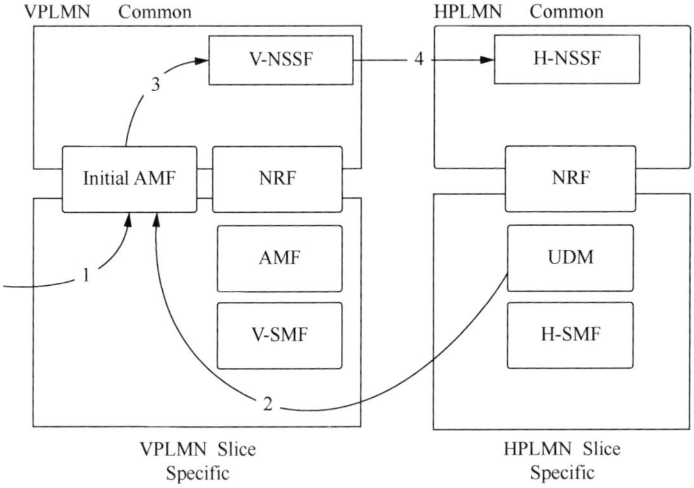

图 5.14　漫游下的切片选择机制

网络切片和与 EPS 的互操作：互操作分为有 N26 接口和无 N26 接口两类，如图 5.15 所示。

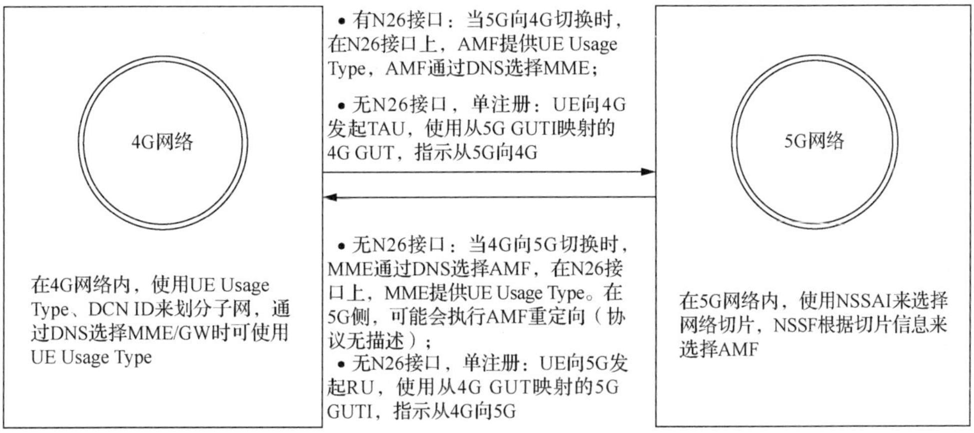

图 5.15　4G/5G 互操作下的切片选择

5.2.4 任务实施

1. 5G 核心网网络切片的实施过程

运营商在购买物理资源后，应租户的需求部署切片网络。租户则在切片网络上向终端客户提供通信服务，然后对切片网络进行管理和运营。网络切片实例部署的完整过程如图 5.16 所示。

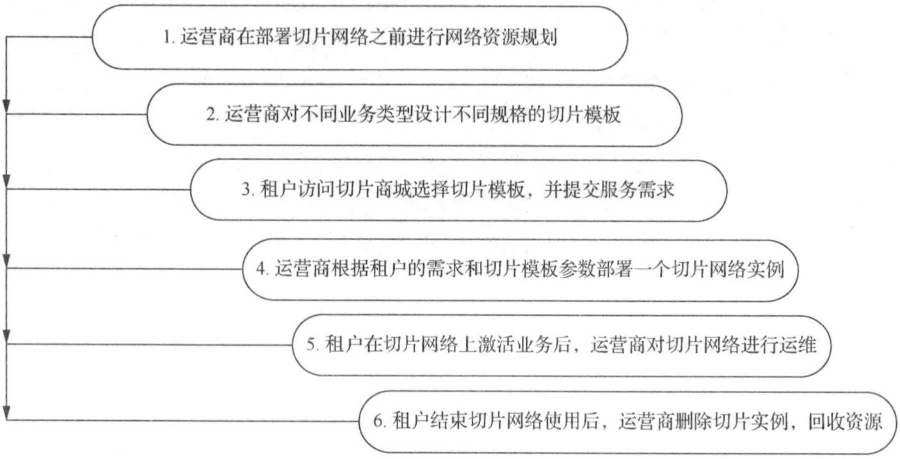

图 5.16　网络切片实例部署的完整流程

在用户接入网络时会带上切片信息，5G 核心网要能根据信息分配相应的资源以实现切片模板中的要求，给用户提供应用资源。5G 核心网中，NSSF 网元负责网络切片选择，根据 UE 的切片选择辅助信息、签约信息等确定 UE 允许接入的网络切片实例。若要实现以上功能，则需要对网络功能进行数据配置，涉及的网络功能有 AMF、SMF、V-SMF、UDM、NRF。这里以某厂家的数据配置为例，进入 5G 核心网网管，开始相关数据的配置。

2. 数据配置准备

在 EM 客户端（网管）中进行分层接入操作，将各网络功能接入 EM。通过分层接入方式接入的网元分以下 3 种类型。2G/3G/4G 网元，代理类型 V4OMS；Common Core 网元，代理类型 OAM；VNFM，代理类型 VNFM。

数据配置准备的步骤如下：

（1）选择“拓扑”→“分层接入”选项，进入分层接入界面，如图 5.17 所示。

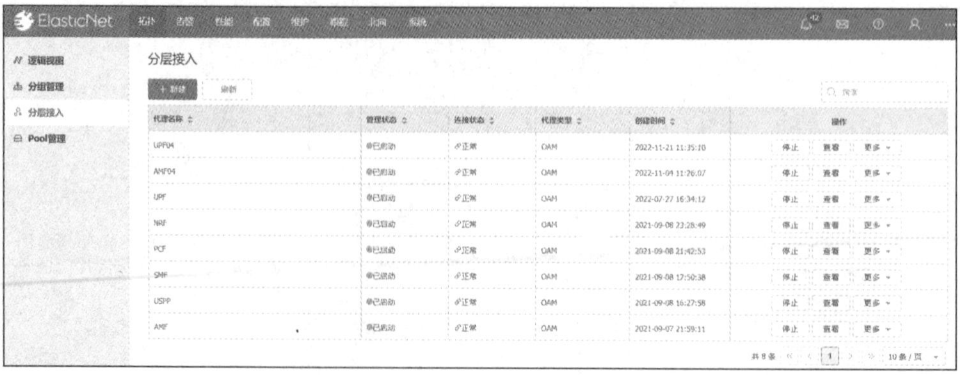

图 5.17　分层接入界面

（2）单击“新建”按钮，进入新建代理界面进行配置，如图 5.18 所示。

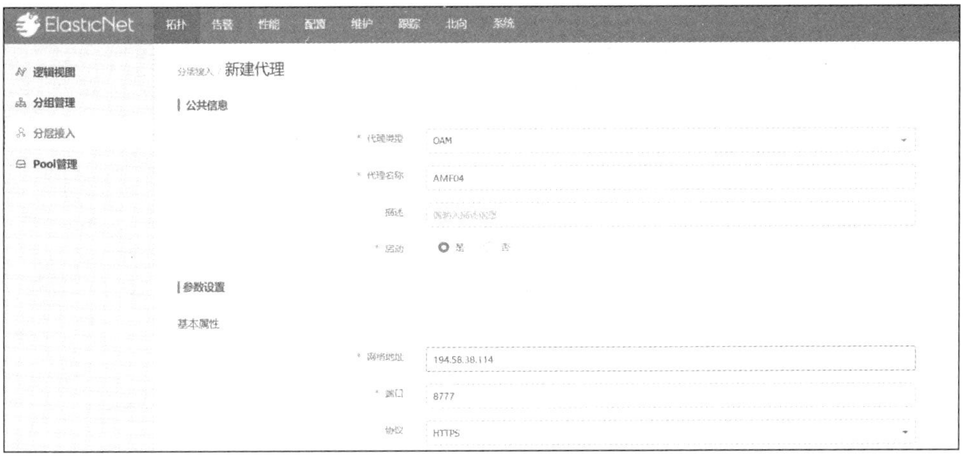

图 5.18　新建代理界面

说明：当新建代理时，代理类型固定选择 OAM，协议固定选择 HTTP。

使用同样的方法，依次接入其他网络功能。

配置模式说明：初始数据配置中涉及的命令分为两种，分别为 ROSNG 命令和 MML 命令。

ROSNG 命令需要在命令处理界面的命令输入区中手动输入完整的命令及所要配置的数据（如 ip address 195.166.88.11 255.255.255.0），输入完成后按 Enter 键运行命令，命令结果会出现在结果输出区。

MML 命令需要在命令处理界面中，通过图形用户界面对命令参数进行选择和配置，输入完成后按 Enter 键或单击“执行”按钮运行命令，命令结果会出现在结果输出区。

① 5G 核心网的 AMF 切片数据配置。

```
ADD AMFSNSSAI:SNSSAINAME="1",SST="eMBB",SD="111111"
ADD AMFSNSSAI:SNSSAINAME="2",SST="eMBB",SD="111112"
ADD AMFSNSSAI:SNSSAINAME="4",SST="eMBB",SD="NULL"
##如果用户请求的 SNSSAI 只有 SST,则需要配置
SET AMFSUPPOTSLICESELECT:AMFSUPSLICESELECT="AMFSUPTSLICESELECT"
SET NRFDISCSMFPARACFG:CARRYSNSSAI="SupSnssai",CARRYNSIID="NotSupNsiId"
##目前 SMF 向 NRF 注册信息没有携带 NSIID,所以先不开启
```

② 5G 核心网的 SMF 切片数据配置。

SMF114 配置：

```
ADD UPSNSSAI:UPNAME="upf115",SST="EMBB",SD="111111"
##upf115 的切片信息,UPF 的 SNSSAI 不在 UPF 中进行配置,要在 SMF 中进行配置,
##请求的 NSSAI 是 1-111111
ADD SNSSAICFG:SNSSAINAME="1",SST="EMBB",SD="111111"
```

SMF121 配置：

```
ADD UPSNSSAI:UPNAME="upf115",SST="EMBB",SD="111112"
##upf127 对应的切片信息
ADD SNSSAICFG:SNSSAINAME="1",SST="EMBB",SD="111112"
```

3. 5G 核心网的 NSSF 切片数据配置

```
ADD AMFINFO:AMFINFOID=11,AMFSETID=11,AMFADDR="195.168.111.11"
ADD AMFINFO:AMFINFOID=17,AMFSETID=17,AMFADDR="195.168.117.11"
ADD TAI:TAIID=1,MCC="460",MNC="11",TAC="07d000"
ADD TAI:TAIID=2,MCC="460",MNC="11",TAC="07d200"
ADD SNSSAI:SNSSAIID=1,SST=1,SD="111111"
ADD SNSSAI:SNSSAIID=2,SST=1,SD="111112"
ADD SNSSAI:SNSSAIID=3,SST=1,SD="000000"
ADD NSINFO:NSID=1,NRFID="195.168.112.11"
ADD NSINFO:NSID=2,NRFID="195.168.112.11"
ADD NSINFO:NSID=3,NRFID="195.168.112.11"
ADD NSINFO AMFINFOID:NSID="1",AMFINFOID=11
ADD NSINFO AMFINFOID:NSID="2",AMFINFOID=17
ADD NSINFO AMFINFOID:NSID="3",AMFINFOID=11
ADD NSINFO SNSSAIID:NSID="1",SNSSAIID=1
ADD NSINFO SNSSAIID:NSID="2",SNSSAIID=2
ADD NSINFO SNSSAIID:NSID="3",SNSSAIID=3
ADD NSINFO TAIID:NSID="1",TAIID=1
ADD NSINFO TAIID:NSID="2",TAIID=1
ADD NSINFO TAIID:NSID="3",TAIID=1
ADD NSINFO TAIID:NSID="1",TAIID=2
ADD NSINFO TAIID:NSID="2",TAIID=2
ADD NSINFO TAIID:NSID="3",TAIID=2
SET TARGETAMFCONFIG:TARGETAMFFLAG=1,CANDIDATEAMFFLAG=1
```

4. 5G 核心网的切片签约信息

```
Add SNSSAI: PLMNID = 460110, SNSSAI = 1-111111, IMSI = 460117000000001;
Add SNSSAI: PLMNID = 460110, SNSSAI = 1-111112, IMSI = 460117000000001;
Mod SNSSAI: PLMNID = 460110, SNSSAI = 1-111111, IMSI = 460117000000001, DEFSNSSAI=1;
##设置该 SNSSAI 为默认 SNSSAI
ADD DNN: SNSSAI = 1-111111, DNN = cmnet, DNNTPL=1,IMSI = 460117000000001, DEFDNN = 0;
##签约 DNN 并关联到某个切片上
```

习题 13

1．5G 核心网网络切片架构的目标：一个 UE 能够同时最多支持（　　）个网络切片。

A．8　　B．9　　C．11　　D．15

2．Allowed NSSAI 是服务 PLMN 在注册等流程中提供给 UE 的，指示 UE 在服务 PLMN 当前接入模式，当前注册区域可以使用的 S-NSSAI 值，最多包括（　　）个 S-NSSAI。

A．8　　B．11　　C．15　　D．16

3．简述如何通过 5G 切片为用户提供相应的服务。

4．并举例说出 3 个切片应用实例。

扫一扫看本任务教学课件

任务 5.3 描述 5G 核心网的典型业务

5.3.1 任务描述

本任务主要介绍 5G 核心网典型的业务流程。

5.3.2 任务目标

（1）能描述 5G 核心网的注册功能及流程；
（2）能描述 5G 核心网的会话功能及流程；
（3）能描述 5G 核心网的切片选择功能及流程。

扫一扫看 5G 核心网注册流程微课视频 1

扫一扫看 5G 核心网注册流程微课视频 2

5.3.3 知识准备

移动通信系统实际是一套大机器，内部各种服务功能按照既定的协议通过信号交流，统称为信令流程。5G 核心网的信令流程主要包括移动性管理流程和会话管理流程。

移动性管理流程包括所有追踪用户位置相关的流程，还包括这些流程中的安全、标识分配流程，常见流程如注册、切换、重选、寻呼等。

会话管理流程是与用户面数据连接有关的流程，包括连接的创建、删除、修改等流程，是承载管理及各网络功能支持数据转发相关的上下文资源。

1. 5G 核心网的注册流程

移动终端（手机）需要在运营商网络注册后才能使用其提供的各种功能。简单地说，就是在手机上看到网络信号之后才能打电话、上网。

注册管理用于向网络注册或注销 UE/用户，并在网络中建立用户上下文。UE 需要在网络上注册，才能获得网络授权并使用网络提供的服务、发起用户移动跟踪和可达性管理。UE 可以使用以下几种注册类型来启动注册流程：初次注册到 5G 网络；当 UE 移动出了原来注册的区域时，进行移动性注册更新（类似 4G 的 TAU 更新）；周期性（定时器到期）注册更新；在紧急情况下注册。

当 UE 处在去注册状态下，要接入网络接受服务时，UE 会发起初始注册流程。

当 UE 移动到注册区之外的新的跟踪区（Tracking Area，TA）时，或者当 UE 需要更新注册过程中协商的能力或协议参数时，或者当 UE 想要获取 LADN 信息时，UE 会发起移动性注册更新流程。

在 UE 在初始注册流程中协商的周期性注册更新定时器超时时，UE 发起周期性注册更新流程。

当 UE 无服务发生紧急情况时，需要连接紧急中心，UE 发起紧急注册流程。

初始注册的信令流程如图 5.19 所示。

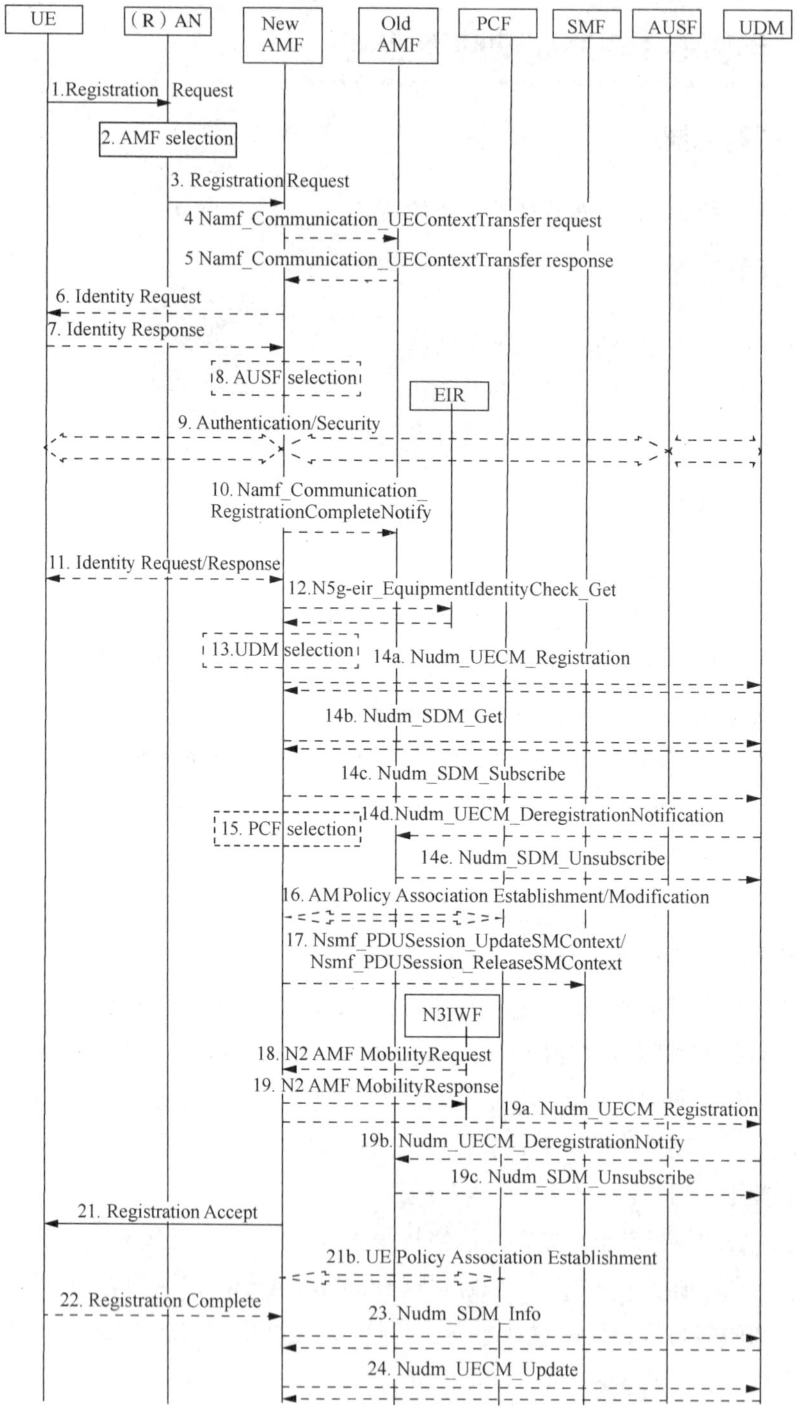

图 5.19　初始注册的信令流程

（1）UE 发送 AN Message（包括 AN 参数和 Registration Request 消息）给（R）AN，其中 Registration Request 消息中的 Registration type 为 initial registration，指示 UE 需要进行初始注册（如 UE 目前处于 RM-DEREGISTERED 状态）。如果（R）AN 是 NG-RAN，则 AN 消息中的 AN 参数包括用户标识（5G-S-TMSI 或 GUAMI）、请求的 NSSAI、选择的 PLMN、建

立 RRC 的原因值。

UE 在初始注册请求消息中会携带 5G-GUTI/SUCI 作为标识，如果携带的是 5G-GUTI，则 UE 在 AN 参数中也会指示相关的 GUAMI 信息；如果携带的是 SUCI，则不会在 AN 参数中指示 GUAMI 信息。UE 在注册请求消息中携带的标识按照优先级递减的顺序排列，具体如下。

① 由之前成功注册的 EPS 网络分配的 EPS（GUTI）转换的 5G-GUTI；

② UE 正在尝试注册 PLMN 分配的可用的本地 5G-GUTI。

③ 由 UE 正在尝试注册的 PLMN 的对等 PLMN 分配给 UE 的可用的本地 5G-GUTI。

④ 任何其他 PLMN 分配的可用的本地 5G-GUTI。

⑤ UE 应将其 SUCI 包含在注册请求中。

UE 还会在注册请求消息中包含请求的 NSSAI 的映射，即请求的 NSSAI 的每个 S-NSSAI 映射到 HPLMN 的配置的 NSSAI 的 S-NSSAI。保证网络能够根据签约的 S-NSSAI 验证请求的 NSSAI 中的 S-NSSAI（s）是否允许。如果 UE 使用的是默认配置的 NSSAI，则 UE 包含默认配置的 NSSAI 指示。

（2）如果 AN 消息中未携带 5G-S-TMSI 或 GUAMI，或者 5G-S-TMSI 或 GUAMI 不能指示一个合法的 AMF，（R）AN 根据 RAT 和请求的网络切片标识（NSSAI）选择 AMF。如果 UE 是连接态，那么（R）AN 根据已有连接，将消息直接转发到对应的 AMF 上。如果（R）AN 不能选择合适的 AMF，则将注册请求转发给（R）AN 中已配置的 AMF 进行 AMF 选择。

（3）（R）AN 将 N2 Message（N2 参数，Registration Request）转发给 AMF。消息包括 N2 参数、注册消息［第（1）步中的］、UE 的接入选择和 PDU 会话选择信息，以及 UE 上下文请求。如果（R）AN 是 NG-RAN，则 N2 参数包括选择的 PLMN ID、位置信息和与 UE 所在小区相关的小区标识。

（4）可选：如果 AMF 改变，那么 New AMF（新侧 AMF）会向 Old AMF（老侧 AMF）发送 Namf_Communication_UEContextTransfer request 消息获取用户上下文。

（5）老侧 AMF 回复 Namf_Communication_UEContextTransfer response 消息，携带用户的上下文信息。

（6）如果 UE 没有提供 SUCI，并且从老侧 AMF 也没有获取到用户上下文，那么新侧 AMF 会向 UE 发起 Identity Request，以获取 SUCI。

（7）UE 回复 Identity Response，携带 SUCI。

（8）AMF 根据 SUPI 或 SUCI 选择一个 AUSF 为 UE 进行鉴权。

（9）执行鉴权过程。

（10）新侧 AMF 给老侧 AMF 回复 Namf_Communication_RegistrationCompleteNotify 消息，通知老侧 AMF UE 已经在新的 AMF 上完成注册。

（11）如果新侧 AMF 从 UE 和老侧 AMF 的上下文中都没有获取到 PEI（Permanent Equipment Identifier），则新侧 AMF 给 UE 发送 Identity Request 消息获取 PEI，UE 回复 Identity Response（携带 PEI）给 AMF。

（12）AMF 发起 N5g-eir_EquipmentIdentityCheck_Get 流程，发起 ME identity 的核查。

（13）AMF 基于 SUPI 选择 UDM。

（14）14a～14c：若新侧 AMF 是初始注册的 AMF 或 AMF 没有 UE 合法的上下文，AMF 向 UDM 发起 Nudm_UECM_Registration 进行注册，并通过 Nudm_SDM_Get 获取签约数据。AMF 向 UDM 发送 Nudm_SDM_Subscribe 订阅签约数据变更通知服务，当订阅的签约数据发生变更时，AMF 会收到 UDM 的变更通知。

14d：如果 UDM 存储了 UE 接入类型与新侧 AMF 之间的关联信息，那么 UDM 会发送 Nudm_UECM_DeregistrationNotification 给老侧 AMF，通知老侧 AMF 删除 UE 上下文。如果 UDM 指示的服务网络功能删除原因是初始注册，那么 AMF 调用所有相关 SMF 的 Nsmf_PDUSession_ReleaseSMContext 服务操作，通知 SMF UE 已经在老侧 AMF 上注册。SMF 在收到通知后，将释放 PDU 会话。

14e：老侧 AMF 通过发起 Nudm_SDM_Unsubscribe 取消 UDM 签约数据的订阅。

（15）如果 AMF 决定与 PCF 建立策略联系，在 AMF 还没有获取到 UE 的接入和移动性策略或 AMF 没有合法的接入和移动性策略场景下，AMF 会选择 PCF。如果 AMF 从老侧的 AMF 中获取了 PCF ID，则可以直接定位到 PCF。如果定位不到或没有获取到 PCF ID，则 AMF 会选择一个新 PCF。

（16）～（17）在选择好 PCF 后，AMF 与 PCF 建立 AM（Access Management）策略关联。

（18）～（20）略（有条件流程）。

（21）新侧 AMF 向 UE 发送 Registration Accept，通知 UE 注册请求已被接收。消息包含 AMF 分配的 5G-GUTI、TA List 等。新侧 AMF 给 PCF 发送 Npcf_UEPolicyControl Create Request 进行 UE 策略关联建立。

（22）当在注册流程中 AMF 将新的 5G-GUTI 分配给 UE 时，UE 发送 Registration Complete 消息给新侧 AMF。

（23）和（24）略。

2. 5G 核心网的会话流程

扫一扫看 5G 核心网会话流程微课视频 1

这里说的会话可能与大家理解的会话（手机通话）有所区别。以手机上网为例，最终在 Internet 上访问相关的网页、视频，畅游互联网世界，在这个过程中就必须建立手机与 Internet 之间相应的数据通道，传递数据包，保证业务端到端的传输质量。这些都需要通过会话管理流程实现。我们现在的 VoLTE 语音也是建立在这个数据通道上的。在 4G 网络中，会话管理功能由 MME、S-GW/P-GW 共同完成。在 5G 网络中，SMF 聚合了 MME 中的会话管理模块及 S-GW/P-GW 的控制面功能，会话管理由 SMF 集中完成。4G 与 5G 会话管理概念的对比如表 5.1 所示。

表 5.1　4G 与 5G 会话管理概念的对比

对比项	4G	5G
数据通道	PDN 连接	PDU 会话
会话管理对象	EPS 承载 • 默认承载 • 专有承载	QoS Flow • 默认 QoS Flow • 专有 QoS Flow
QoS 控制粒度	EPS 承载	QoS Flow

在 4G 网络中，一个 UE 可以同时创建多个 PDN 连接来访问不同的 PDN 网络；5G 网络也支持同时创建多个 PDU 会话来访问不同的数据网络。参见上述会话管理概念的对比与 4G 中 APN、PDN 连接、承载、PDN 网络之间的关系，可以更深一步理解 4G、5G 网络中会话管理的概念对应关系，以及 5G 网络中 DNN（Data Network Name）、PDU 会话、QoS Flow、

DN（Data Network）网络之间的关系。4G 与 5G 会话管理的主要区别点如下。

（1）在 4G 网络场景下，用户 Attach 附着之后会建立一个默认承载，该承载提供永久的 IP 地址连接，当默认承载不能满足业务需求时，会建立对应的专有承载；在 UE 注册到 5G 网络时，不强制建立一个“默认承载”，根据业务需求可以选择建立/不建立 PDU 会话。这样移动性管理和会话管理能更好地解耦，而且在 NB-IoT 场景下，终端很长时间才和网络交互一次，一直维持着一个默认的 QoS Flow 也是对资源的损耗。

（2）在 4G 网络中以承载粒度执行 QoS 控制，在 5G 网络中以 QoS Flow 粒度执行 QoS 控制。5G 有默认的 QoS Flow，类似 4G 中的默认承载。与 4G 中 PDN 连接和承载的关系一样，一个 PDU 会话可以被多个 QoS Flow 控制，当默认 QoS Flow 不能满足业务需求时，5G 会建立专有 QoS Flow 保障业务质量。

标准的会话建立流程图如图 5.20 所示。

主要流程大致如下。

扫一扫看 5G 核心网会话流程微课视频 2

（1）UE 向 AMF 发送 NAS 消息，该消息包括 S-NSSAI、DNN、PDU Session ID、Requested PDU Session Type（Request Type）、PDU Session Establishment Request 等信息。

（2）AMF 根据 S-NSSAI、DNN 等信息为 PDU 会话建立选择 SMF。

（3）AMF 向 SMF 发送 Nsmf_PDUSession_CreateSMContext Request 请求创建 SM 上下文。

（4）可选：当 SUPI、DNN、S-NSSAI 相应的会话管理订阅数据不可用时，SMF 通过 Nudm_SDM_Get（Nudm_Get UE Session Management Subscription Data Request）消息获取会话管理订阅数据，通过 Nudm_SDM_Subscribe（Nudm_Subscribe Create Request）消息获取订阅数据变更的通知。

（5）SMF 向 AMF 返回 Nsmf_PDUSession_CreateSMContext Response 确认接受创建 PDU 会话。

（6）会话授权。

（7）可选：获取 PCC 规则。

SMF 为 PDU 会话选择 PCF。如果没有部署动态 PCC，SMF 可采用本地策略获取 PCC 规则。

SMF 发起 SM Policy Association Establishment 流程，建立与 PCF 的连接并获得默认 PCC 规则。

（8）SMF 根据 UE 位置、DNN、S-NSSAI 等信息选择 UPF，并根据 Requested PDU Session Type 从 SMF 本地资源池或 UDM 中存储的静态地址为 PDU 会话分配 IP 地址/前缀。

（9）略。

（10）SMF 建立与 UPF 的连接，提供用于该 PDU 会话的数据监测、报告规则、CN 隧道信息等。

（11）SMF 向 AMF 发送 Namf_Communication_N1N2MessageTransfer（Namf_N1N2Message Transfer Request）消息，携带的信息包括发送给（R）AN 的 N2 SM Information（包含 QFI、QoS Profile、CN Tunnel Info 等信息）和发送给 UE 的 N1 SM Container（包含 PDU Session Establishment Accept、Allocated IPv4 Address 等信息），通知（R）AN 和 UE 需要建立 PDU 会话。

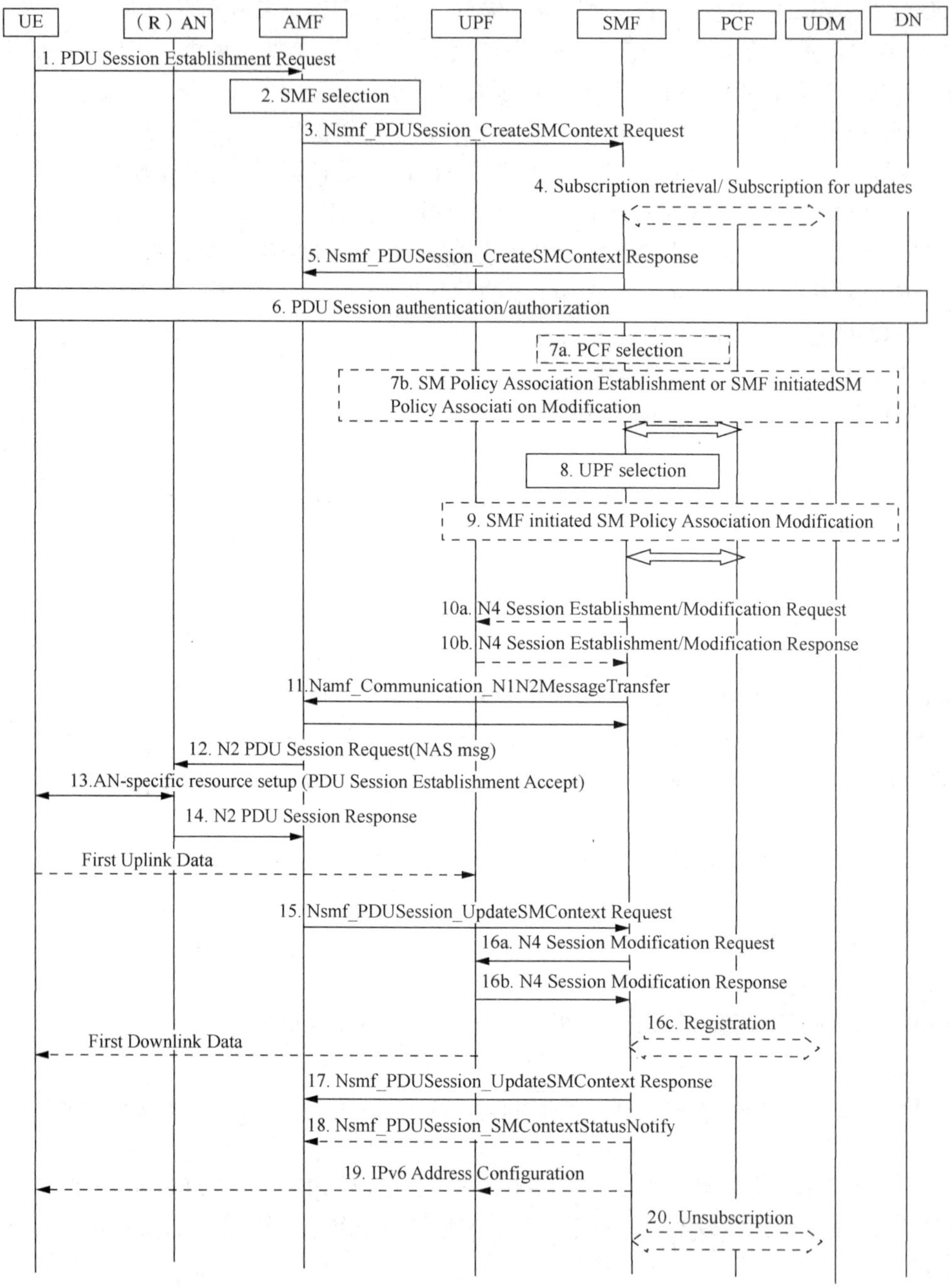

图 5.20　标准的会话建立流程图

（12）AMF 向（R）AN 发送 PDU Session Resource Setup Request，请求包含 N2 SM Information（包含 QFI、QoS Profile、CN Tunnel Info）和发送给 UE 的 N1 SM Container（包含 PDU Session Establishment Accept、Allocated IPv4 Address）。

（13）（R）AN 与 UE 发起信令交互，将 SMF 需要发送给 UE 的 PDU Session ID、N1 SM Container 消息转发至 UE，请求 UE 建立 PDU 会话，消息包含 PDU Session Establishment Accept、Allocated IPv4 Address。

（14）（R）AN 向 AMF 发送 PDU Session Resource Setup Response，建立 AN 隧道信息，响应消息包含 AN Tunnel Info、 List of Accepted/Rejected QFI 等。

（15）AMF 向 SMF 发送 Nsmf_PDUSession_UpdateSMContext Request（Nsmf_Update_SMContext Request），将从（R）AN 接收到的 N2 SM Information 转发给 SMF。

（16）SMF 向 AMF 发送 Nsmf_PDUSession_UpdateSMContext Response（Nsmf_Update_SMContext Response）。此时上下行链路建立完成，可以传输数据包。

（17）～（20）略。

以上是会话管理的建立流程，根据业务场景不同，还有 PDU 会话修改流程、PDU 会话删除流程。

在 UE 能力变更、QoS 参数有修改等场景下，UE 和网络侧都可以发起 PDU 会话修改流程。

伴随 QoS 更新触发的 PDU 会话修改流程有如下几种场景。

- UE 发起 PDU 会话修改。
- SMF 发起 PDU 会话修改。
- AN 发起 PDU 会话修改。

当 UE 不再需要相关业务时，当 PCF、SMF 本地配置释放策略时，当 UDM 订阅数据发生变化时，当 DN 需要取消 UE 的接入权限时，当 UE 不在 LADN 服务区内时，当所有 PDU 会话的 QoS Flow 已经释放时，当 UE 与 AMF 的会话状态不匹配时，或者当 UE 的网络切片不可用时，都会触发 PDU 会话的释放流程。PDU 会话释放流程的触发场景有如下几种。

- UE 发起 PDU 会话释放请求。
- SMF 发起 PDU 会话释放请求。
- AMF 发起 PDU 会话释放请求。

由于以上场景涉及网络功能较多，触发点较多，所以详细流程不再赘述。

3. 5G 核心网切片选择流程

前面介绍过切片的概念，形象地说就是把网络比喻为交通系统，车辆是用户，道路是网络。随着车辆的增多，城市道路变得拥堵不堪。为了缓解交通拥堵，交通部门不得不根据不同的车辆、运营方式进行分流管理，如设置快速公交系统、非机动车专用通道等。网络亦是如此，要实现从人人连接到万物连接，连接数量成倍上升，网络必将越来越拥堵，越来越复杂，我们就要像交通管理一样，对网络实行分流管理，这就是网络切片。

网络切片，本质上就是将运营商的物理网络划分为多个虚拟网络，每个虚拟网络根据不同的服务需求，如时延、带宽、安全性和可靠性等来划分，以灵活地应对不同的网络应用场景。

当然，网络切片是一个端到端的复杂的系统工程，实现起来相当复杂，需要经过 3 个穿透的网络：接入网络、核心网络、数据和服务网络。这时就会有以下几个问题。

- 在接入网面向用户侧的主要挑战是，某些终端设备（如汽车）需要同时接入多个切片网络，另外还涉及鉴权、用户识别等问题。
- 接入网切片如何与核心网切片配对？接入网切片如何选择核心网切片？

以用户附着场景为例：在 UE 附着流程中，RAN 首先根据本地存储信息及 UE 附着请求消息为 UE 选择一个 AMF（即初始 AMF）为其提供服务。但是初始 AMF 可能不支持 UE 要使用的网络切片，如初始 AMF 只支持 FWA 类型网络切片，但是 UE 请求的是 eMBB 类型的网络切片。如果初始 AMF 无法为 UE 提供服务，则初始 AMF 向 NSSF 查询根据 NSSF 返回的 AMF 列表选择能支持 UE 网络切片的目标 AMF，然后将 UE 的附着请求消息通过直接或间接的方式发送给目标 AMF，由目标 AMF 处理 UE 的附着请求进而为 UE 提供网络服务，如图 5.22 所示。

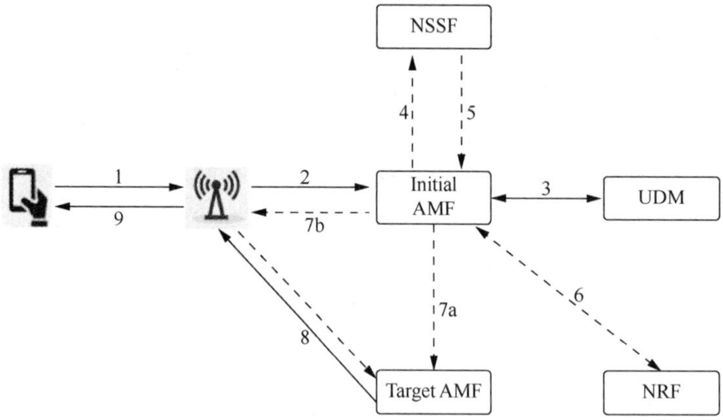

图 5.22　附着流程切片选择

（1）当 UE 通过一种接入类型注册到一个 PLMN 上时，发送注册请求消息给 RAN。如果 UE 已存储此 PLMN 的 Configured NSSAI 或此 PLMN 接入的 Allowed NSSAI，那么 UE 将在 NAS 注册请求消息及 AN 消息中携带的 Requested NSSAI 信息，Requested NSSAI 包含 UE 希望注册的切片 S-NSSAI。

（2）RAN 根据 GUAMI 或 Requested NSSAI 选择 Initial AMF。如果 UE 没有在 AN 消息中提供 Requested NSSAI 和 GUAMI，则 RAN 应将来自 UE 的注册请求消息发送给默认 AMF。

（3）Initial AMF 查询 UDM 后获取包括 Subscribed S-NSSAI 在内的 UE 签约信息。Initial AMF 根据收到的 Requested NSSAI、Subscribed S-NSSAI 及本地配置判断是否可以为 UE 提供服务，如果 AMF 可以为 UE 服务，则 Initial AMF 仍然是 UE 的服务 AMF，然后该 AMF 基于 Subscribed S-NSSAI 和 Requested NSSAI 构造出的 Allowed NSSAI 通过注册接收消息并返回给 UE。如果 Initial AMF 无法为 UE 服务或无法做出判断，则 AMF 需要向 NSSF 进行查询。

（4）AMF 将 Requested NSSAI、Subscribed S-NSSAI、SUPI 的 PLMN、TAI 等信息发送给 NSSF 进行查询。

（5）NSSF 根据接收到的信息及本地配置，选出可以为 UE 服务的 AMF Set 或候选 AMF 列表、适用于此次接入类型的 Allowed NSSAI，可能还会选出为 UE 服务的网络切片实例、实例内用于选择网络功能的 NRF，并将这些信息发送给 Initial AMF。

（6）如果 Initial AMF 不在 AMF Set 内且本地未存储 AMF 地址信息，则 Initial AMF 通过查询 NRF 获得候选 AMF 列表。NRF 返回一组可用的 AMF 列表，包括 AMF Pointer 和地址信息。Initial AMF 从中选择一个满足切片要求的 AMF 作为目标 AMF。如果 Initial AMF 无法通过查询 NRF 获得候选 AMF 列表，则 Initial AMF 需要通过 RAN 将 UE 的注册请求消息发送给目标 AMF，Initial AMF 发送给 RAN 的消息包含 AMF Set 和 Allowed NSSAI。

（7）如果 Initial AMF 基于本地策略和签约信息决定直接将 NAS 消息发送给目标 AMF，

则 Initial AMF 将 UE 的注册请求消息及从 NSSF 获得的除 AMF 集合外的其他信息发送给目标 AMF。如果 Initial AMF 基于本地策略和签约信息决定将 NAS 消息通过 RAN 转发给目标 AMF，则 Initial AMF 向 RAN 发送一条 Reroute NAS 消息。Reroute NAS 消息包括目标 AMF Set 信息和注册请求消息，以及从 NSSF 获得的相关信息。

（8）在接收到第（7）步中发送的注册请求消息后，目标 AMF 继续执行注册流程的相关步骤，最终向 UE 发送注册接收消息，消息中携带 Allowed NSSAI 信息。

习题 14

1．在 5G 微服务架构下，具备独立负荷分担、集群管理、弹性功能的最小单元是（　　）。

A．NFS　　B．VNF　　C．NF　　D．NFSC

2．SBA 架构中生产者（Producer）与消费者（Consumer）之间的消息交互模式简化为两种，一种是 Request-Response 模式，另一种是（　　）模式。

A．Subscribe-Notify　　B．Client-Server

C．Peer-Peer　　D．Point-Point

3．描述以下知识概念。

（1）5G 核心网的注册流程。

（2）5G 核心网的会话流程。

（3）5G 核心网的切片选择流程。

要求：分组讨论；使用 PPT 制作演示材料；能够简单描述相关的业务流程实现及切片相关参数。

举报电话：(010) 88254396；(010) 88258888

传　　真：(010) 88254397

E－mail　：dbqq@phei.com.cn

通信地址：北京市万寿路 173 信箱　电子工业出版社总编办公室

邮　　编：100036